LA CRIA DEL AVESTRUZ

GIORGIO ANDERLONI

LA CRIA DEL AVESTRUZ

Ediciones Mundi-Prensa
Madrid • Barcelona • México
1998

Grupo Mundi-Prensa

- **Mundi-Prensa Libros, s.a.**
  Castelló, 37 - 28001 Madrid
  Tel.: 91 436 37 00 - Fax: 91 575 39 98
  E-mail: libreria@mundiprensa.es
- Internet: www.mundiprensa.com
- **Mundi-Prensa Barcelona**
  Consell de Cent, 391 - 08009 Barcelona
  Tel.: 93 488 34 92 - Fax: 93 487 76 59
  E-mail: barcelona@mundiprensa.es
- **Mundi-Prensa México, S. A. de C. V.**
  Río Pánuco, 141 - Col. Cuauhtémoc
  06500 México, D.F.
  Tel.: 525 533 56 58 - Fax: 525 514 67 99
  E-mail: 101545.2361@compuserve.com

La edición original de esta obra ha sido publicada en italiano con el título L'ALLEVAMENTO DELLO STRUZZO por Edagricole-Edizioni Agricole della Calderini, s.r.l. Via Emilia Levante, 31-Bologna, Italia.

No se permite la reproducción total o parcial de este libro ni el almacenamiento en un sistema informático, ni la transmisión de cualquier forma o cualquier medio, electrónico, mecánico, fotocopia, registro u otros medios sin el permiso previo y por escrito de los titulares del Copyright.

© 1998, Ediciones Mundi-Prensa
Depósito Legal: M-32622-1998
ISBN: 84-7114-765-3
Impreso en España - Printed in Spain

Imprime: Vía Gráfica, S.A.
C/ Monza, 6 - Polígono Uranga - Ctra. Fuenlabrada a Móstoles, km. 10
28942 FUENLABRADA (MADRID)

Prefacio

DOS INVITACIONES Y TRES AGRADECIMIENTOS

Una invitación al lector para que lea todas las páginas y líneas de mi obra; no encontrará todo lo que desea, pero, y no es presunción, encontrará mucho.

Una segunda invitación a los Colegios Veterinarios para que actúen en toda Italia para garantizar la más eficaz asistencia sanitaria y zootécnica a los avestruces y a sus criadores.

Un primer agradecimiento a los amigos que me han mostrado hace tiempo el deseo de que el libro saliese. Son ellos los que siempre han querido aprender cualquier conocimiento técnico que les pudiese ayudar a mejorar sus propios resultados de cría y a plantear correctamente una explotación.

Un segundo agradecimiento a todos los otros amigos que conozco poco o no me conocen a fondo, porque sus incertidumbres y dudas me han estimulado a trabajar y a comunicarme perfectamente con ellos. Son ellos los que al leer estas páginas se alegrarán, aunque sea sólo en su corazón, de ver realizado un libro capaz de hacer oficial y real la cría industrial del avestruz, de forma que ya no se pueda decir: ¿QUE ES EL AVESTRUZ?

Un tercer agradecimiento personal a Giovanni De Luca por haber sido el primero que ha creído inmediatamente que era necesario «informar» sobre el avestruz.

GIORGIO ANDERLONI

Indice

Prefacio 7

El avestruz a lo largo de los tiempos y... hoy en día 11

Las Rátidas, la gran familia 17
    El Ñandú 18
    El Casuario 18
    El Emú 22

Consideraciones de carácter general 25

Notas sobre anatomía y fisiología 31
    Las características somáticas 31
    Los órganos del movimiento 32
    El aparato respiratorio 34
    El sistema nervioso 34
    El aparato circulatorio 34
    El aparato digestivo 35
    El aparato excretor 35
    El aparato reproductor 35
    El huevo 36
    La temperatura corporal 38
    La voz 39
    El oído 39
    La vista 39
    El olfato y el gusto 40
    La fisiología 40

El comportamiento 43

El ciclo biológico 47

El medio ambiente	51
El medio ambiente = la zona	52
El medio ambiente = el terreno	52
Estructuras	53
Los espacios	54
Los cercados	55
Los equipos	60
El emplazamiento	62
La dirección	63
La programación	63
La gestión	68
El trabajo práctico	68
El transporte	70
La alimentación	73
Los reproductores	83
Evaluación general	85
El apareamiento	93
La incubación	99
La incubación	108
La técnica de los controles	115
La pérdida de peso del huevo	116
La eclosión	118
El destete	121
Hasta los 21 días de edad	123
Desde los 21 días hasta los 3 meses de edad	127
El desarrollo	129
Sanidad y enfermedades	133
Normas y reglamentos sanitarios	149
El avestruz y el medio ambiente	153
Los productos derivados	155
Glosario	167
Bibliografía	177

El avestruz a lo largo de los tiempos y... hoy en día

Un razonamiento completo sobre este animal volátil... que no vuela es muy difícil, tanto si se busca información en los tratados de zoología general, como en los que tratan específicamente de las aves. Es más fácil encontrar breves noticias cuando el investigador tiene que explicar evidentes diferencias entre las diversas familias o hablar de la evolución, de la transmigración y de los orígenes de la fauna terrestre.

El avestruz es y seguirá siendo, hasta que se haya desarrollado claramente su cría, un animal «prehistórico» que ha resistido las evoluciones históricas y que todavía hay que descubrir. Parece pues justificada su ausencia de los textos, y puede parecer que esta ausencia sea deseada si pensamos en la resistencia que tienen aquellos que también hoy se ocupan del avestruz a dar noticias de él.

Los escritores de la antigüedad hablaban del avestruz como de un animal de Africa y se le consideraba presente en todo el Sahara, desde las laderas meridionales del Atlas hasta el Nilo, en el desierto de Libia, en las estepas interiores y en la llanura meridional. Sin embargo, se encuentran también anotaciones que hablan de una gran ave asiática, dándole como presente en los desiertos de Arabia y Persia.

La Biblia habla con frecuencia del avestruz usando variadas denominaciones, generando así errores de interpretación. Entre las inscripciones asirias de Nínive, existe una que se refiere a una gran ave, llamada Kuzai, que se presenta como el avestruz. Se ha encontrado una pintura de un avestruz en Tebas, en una cámara sepulcral de la dieciocho dinastía, en la época contemporánea a Moisés.

La presencia de este ave en tiempos históricos se demuestra también por las frecuentes apariciones del avestruz en diversas citas históricas: en los monumentos egipcios se encuentra la pluma de avestruz como símbolo de la justicia, ya que sus barbas son de iguales dimensiones por ambos lados. Un historiador antiguo refiere que Arsinoe, reina de Egipto, aparece representada sobre una estatua montada en un avestruz. Mosaicos que representan a un hombre que lleva un avestruz sobre una pasarela, para cargarlo en una nave,

LA CRIA DEL AVESTRUZ

Pasillo de la caza mayor: embarque del avestruz. Villa Imperial del Casale, Sicilia.

fueron encontrados recientemente en los restos de la Villa Imperial del Casale en Piazza Armerina, en Sicilia; se remontan a los siglos III y IV después de Cristo.

La presencia de este ave se demuestra también por el uso de sus plumas como modo de vestir y adorno en la antigüedad. En la época de los romanos,

Macho Redneck.

las tribus africanas se vestían y se defendían con escudos hechos con la piel de avestruz, adornándose los gorros con las plumas.

En tiempos más recientes, se encuentran referencias de la utilización de las plumas como adorno llevado sobre todo por la nobleza. Tres plumas blancas son la conocida enseña del Príncipe de Gales.

El avestruz a lo largo de los tiempos ha sido también criado o simplemente domesticado, y esto demuestra que siempre se ha conocido su fácil familiaridad con el hombre. Si originalmente la única forma de cría de la que se podía hablar estaba constituida por grupos de animales retenidos libremente en grandes recintos por los colonos de la Colonia del Cabo, en Sudáfrica, se tienen noticias de que a mitad del siglo pasado comenzó una cría en Italia, en Florencia, en la granja de San Donato del Príncipe Demidoff, donde bajo la dirección del francés Desmeure se obtuvo la primera puesta de huevos de avestruz y el primer nacimiento de un polluelo en Europa. En 1878, L. Merlato fundó el parque de cría del avestruz en Matarieh, en el Cairo, y posteriormente en Argelia, en Air Marmora en la desembocadura del Mazafrán, adquiriendo considerable experiencia práctica. Sobre la base de estas primeras iniciativas, los ingleses decidieron intentar la cría del avestruz, e iniciaron así en el sur de Africa las grandes explotaciones de hoy en día. Hay que decir que al mismo tiempo los avestruces comenzaron a desaparecer poco a poco en sus territorios típicos. Las razones de

A los cuatro meses.

esta «extinción», que se puede decir que sucede de improviso porque tiene lugar después de siglos de constante presencia, nunca han sido investigadas: serán las llamadas causas naturales, las mismas que a lo largo de los siglos determinaron en cada especie animal o vegetal cambios considerables de su presencia en los territorios. Se constata solamente que las variedades de las zonas saharianas, subsaharianas y centroafricanas se están reduciendo en gran número, tanto que se ha solicitado su protección por temor a su posible extinción.

En efecto, las variedades de la especie *Struthio Camelus* eran cuatro, pero una de ellas está hoy extinguida.

Se trata del *Struthio Camelus Siriacus*, que existía en los países árabes desde el Medio Oriente hasta Egipto: las plumas de este animal tenían las barbas perfectamente iguales y simétricas, lo que se consideraba como símbolo de la justicia egipcia.

Las variedades aún existentes hoy son:

— *Struthio Camelus Camelus*, originario del Norte de Africa (área norte y subsahariana), de cuello rojo (Redneck) y con evidente collarín de plumas blancas en la base del cuello; es el típico avestruz de las poblaciones bereberes, presentes en muchos zoos europeos y norteamericanos; frecuentemente se usa para cruzamientos con otras variedades.

— *Struthio Camelus Massaicus*, originario del Africa centro sudoriental (Tanzania y Kenia), de cuello rojo parcialmente desnudo, que ha constituido la base del avestruz hace tiempo criado en América del Norte.
— *Struthio Camelus Molybdophanes*, típico de Etiopía, Somalia y Kenia, es de cuello azul parcialmente desnudo y lleva también un collarín blanco en la base del cuello.

Mientras se observa, podríamos decir impotentes, esta extinción, se está registrando en todo el mundo una expansión de la cría de aquel avestruz que, como hemos dicho antes, había creado los primeros núcleos de explotación. Estos avestruces son de la variedad *Australis* o cruzados con una de las variedades en vía de extinción antes mencionadas.

La variedad *Struthio Camelus Australis* toma esta denominación de las zonas australes de la tierra, que se extienden por debajo del trópico de capricornio. Las más extensas poblaciones de estos animales están en Namibia, Sudáfrica, Botswana, Zimbabwe, Swazilandia y Baphuthatswana. Esta variedad, o como hemos dicho antes los productos de su cruzamiento, se encuentra hoy en todos los Estados de América del Norte, incluido Canadá, en algunos de América Central, en el Medio Oriente, Israel, Australia y, en los últimos años, en toda Europa, Italia incluida.

Hoy se habla también de un *Struthio Camelus Domesticus*, que se reconoce no entre las variedades, sino entre los cruzamientos. En América, los criadores llaman «African Black» a los sujetos nacidos de los avestruces hace tiempo residentes en aquellos territorios, para distinguirlos de los que en estos últimos años han llegado o nacido de huevos sudafricanos.

Cambian los siglos, las modas, las costumbres, pero este ave que no vuela, que vive en todos los climas y que se adapta a todos los alimentos, que permanece igual a sí mismo casi para recordar a la posteridad los sanos orígenes de la vida, parece que quiere propagarse con prepotencia como señal y fuente de total prosperidad.

Las Rátidas, la gran familia

El avestruz del que tratamos, que ha de considerarse como el «avestruz propiamente dicho o africano», pertenece a la gran familia de las RATIDAS. Considero oportuno hablar de los principales componentes de esta gran familia, sobre todo para poner de manifiesto las diferencias entre el animal que nos interesa y los demás. En general el aspecto, el comportamiento y las costumbres muy similares han justificado ampliamente a lo largo de los tiempos su pertenencia a una única familia.

Son RATIDAS aquellas aves dotadas de un esternón en escudo o disco, sin quilla y por tanto no aptas para el vuelo. La denominación de Rátidas procede literalmente del hueso del pecho, que en vez de tener la forma de una quilla, en las rátidas tiene el aspecto de una balsa que en latín es «ratis». También son llamadas CORREDORAS, ya que como contraposición a la carencia de la aptitud para el vuelo poseen los miembros inferiores muy desarrollados, lo que hace que sean muy aptas para la carrera: en efecto, presentan como característica más conocida comúnmente la gran capacidad de alcanzar, en muy poco tiempo (salida fulminante), velocidades iguales a las de los mamíferos más veloces.

Se discute si se deben considerar primitivos respecto a los que tienen quilla o viceversa, pero preferentemente se les considera como una involución, ya que sólo en una segunda época habrían perdido la capacidad de volar por reducción de las alas y de la musculatura pectoral. Una leyenda árabe cuenta que la rátida aún ave, ensoberbecida por las grandes y poderosas alas, emprendió un día el vuelo con el propósito de caminar sobre el sol, consiguiendo solamente quemarse las alas y convirtiéndose así en lo que conocemos hoy. El investigador Max Furbringer publicó en 1888 un tratado sobre la morfología de las aves, ilustrándolo con una hipótesis de árbol genealógico: el grupo de las rátidas, avestruces antes y rheas y casuarios después, forman unas ramas que se destacan de la base del árbol como indicando que estas «volátiles» formaban parte en sus orígenes de la gran familia de las aves, pero han permanecido iguales a sí mismas en tiempos posteriores sin dar lugar, mediante variaciones genéticas, a sucesivas ramificaciones.

La familia comprende sobre todo: el **Avestruz Africano,** el **Ñandú o avestruz americano,** el **Casuario** y el **Emú**. En su estado natural o silvestre en las zonas de la tierra donde viven las rátidas, se puede decir que ha seguido estando presente en el territorio una sola de estas subfamilias, lo que hace aventurar la hipótesis de que a lo largo de los tiempos y de los siglos las condiciones climáticas, de disponibilidad de alimentos y de convivencia con otros animales y con el hombre, han determinado aquellas modificaciones sustanciales que caracterizan a las subfamilias. La gran adaptabilidad física a las más diversas condiciones de vida ha determinado su decidida resistencia a la extinción. Donde ésta se está realizando, se puede pensar que faltan uno o más factores que normalmente garantizan la continuación de las especies animales, como por ejemplo la no consanguinidad en la procreación o la total ausencia de algún principio nutritivo, sobre todo de los necesarios para la fertilidad.

Omitimos obviamente hablar del avestruz propiamente dicho porque es objeto de todo este libro, y en lo concerniente a sus características originales éstas se describen en otro capítulo.

Examinemos brevemente las otras rátidas.

El Ñandú

Es el avestruz americano originario de América del Sur, donde lo vio y clasificó Darwin; vive en las grandes praderas peruanas, uruguayas y argentinas hasta la Tierra del Fuego, donde es cazado por sus plumas y su piel, mientras que sólo la carne de los animales jóvenes es buscada, pues la de los adultos es coriácea y desagradable. Vive en manadas constituidas por muchas hembras con un macho como jefe. Agradece las extensiones con hierba y convive fácilmente con bovinos y ovinos.

Las características más evidentes se refieren a la pata que tiene tres dedos, de los que el central es algo más largo que los otros, dotados de uña y vueltos hacia adelante; puede alcanzar una altura máxima de un metro y medio; tiene el cuello y la cabeza cubiertos de plumas, mientras que la cola no tiene plumas; el color dominante de las partes superiores del cuerpo es ceniza, el de las partes inferiores es blanquecino y el resto negro. Las patas son grises y las alas son grandes y están formadas por plumas ligeras.

El Casuario

Este ave, muy similar al ñandú, vive en la zona comprendida entre los meridianos 130° y 160°, y precisamente en Japón, Nueva Guinea, Nueva Bretaña e Islas Molucas. Aman la vegetación alta en lugares próximos a los cursos de agua, donde se pueden encontrar individuos solitarios o parejas en el período de la reproducción. Son muy tímidos y combativos, tanto entre sí como con quien represente un peligro para ellos.

LAS RATIDAS, LA GRAN FAMILIA

Ñandú (debajo a la derecha el kiwi). Museo de Historia Natural de Milán.

Grabado de finales del ochocientos.

LA CRIA DEL AVESTRUZ

Cuadro comparativo.   La gran familia de las Rátidas

CLASIFICACION	STRUTHIONIDOS STRUTHIO CAMELUS	RHEA ÑANDU	CASUARIOS	
			DROMIDAE EMU	CASORIDAE CASUARIO
Variedad	Camelus Australis Massaicus	Rhea nobilis Rhea americana Rhea pennata		C. Benetti C. Unappendiculatus C. Casuarius
Distribución geográfica en estado natural	Africa Sur de Australia Norte de América	Sudamérica Atlántica	Australia	Japón Nueva Guinea Norte de Australia
Hábitat natural	Sabanas con maleza	Pampa con hierba	Sabanas tropicales	Zonas Pantanosas
Características Altura adulto cm Peso adulto kg	200-280 140-180	150 60-70	130-160 50-70	150-170 50-60
Aspecto Cabeza Pico Cuello Alas (rudimentos) Cuerpo Cola Patas	Pequeña y pelosa Obtuso y aplanado Largo y desnudo Con plumas largas Alargado Con plumas largas Altas, ligeras desnudas	Con plumas Corto y denso Con plumas Con plumas ligeras Alargado Sin plumas Cortas, desnudas	Ovoide, desnuda — Largo y desnudo Pocas plumas Alargado — Cortas, desnudas	Desnuda con casco Corto y largo Parte alta desnuda Muy rudimentarias Sólido — Cortas, desnudas
Lado interior	←	←	←	←
Color macho	Plumaje negro plumas, alas y colas blancas, pico y patas rojas	Superior moreno inferior claro, resto negro, pata gris	Moreno con patas oscuras	Negro con cabeza verde azul, cuello violeta azul, pico negro, pata amarilla gris
Hembra	Plumaje gris moreno, plumas, alas y cola blanco sucio	Idem	Idem	Idem
Comportamiento "Voz" Hembra Macho Polluelos	Sociable Ninguna Mugido/rugido Gorgoteo	Sociable Ninguna	Solitario Cacareo Ronquido corto	— Mugido sordo Idem

Sigue **Cuadro comparativo**

CLASIFICACION	STRUTHIONIDOS STRUTHIO CAMELUS	RHEA ÑANDU	CASUARIOS	
			DROMIDAE EMU	CASORIDAE CASUARIO
Reproducción				
La familia	Poligamia	Poligamia	Monogamia	Monogamia
Puesta	5-0 meses calurosos	3-6 meses set.-dic.	6 meses set.-dic.	2-4 semanas set.-dic.
N.° de huevos	1 cada 2 días por la tarde	1 cada 2 días al final de la tarde	1 cada 3 días antes del mediodía	—
Huevo diámetros peso g color aspecto	120/130 x 150/160 1.200/1.800 crema de ligera corteza de naranja	80/90 x 115/130 450/650 amarillo brillante	88/94 x 125/135 400/650 verde esmeralda muy rugoso	85/95 x 120/150 400/700 verde oscuro rugoso
Incubación natural Macho Hembra	De noche 12/16 h De día 8/12	A solas —	Se alternan semana x semana	A solas —
Duración de la incubación	38-42 días	20-45 días	52-60 días	47-70 días
Alimentación (% de la ración diaria) Forrajes Cereales Prot. animales Prot. vegetales Minerales	65 20 5 9 1	50 — 5 40 3	30 15 5 47 3	— — 27 70 3

De izquierda a derecha: esqueleto de Avestruz, Casuario, Ñandú, esqueleto de Emú. Museo de Historia Natural de Milán.

Muy similares, como se ha dicho, a los ñandús por la forma del cuerpo y por las dimensiones, se distinguen por la presencia de un relieve óseo sobre la cabeza que se parece a un casco. Además, la cabeza y la parte alta del cuello no tienen plumas y son de color rosa con rayas moradas, verdes, azules y rojas laca. El plumaje general es negro. El cuello corto lleva en su porción mediana anterior uno o dos carúnculas.

Otro carácter distintivo del Casuario son las alas cortas y rústicas, que llevan cinco apéndices córneos semejantes a aguijones, cilíndricos y desprovistos de barbas. Como el ñandú y el emú, del cual hablaremos, la pata del casuario está provista de tres dedos vueltos hacia adelante, de los cuales el interior es muy corto y lleva una uña muy larga, el central es más largo que el exterior y ambos llevan una uña corta. El pico es recto, comprimido lateralmente y curvo en la punta.

El emú

Fue descubierto a principios del siglo diecinueve en Australia y allí vive todavía, sobre todo en las zonas interiores y del oeste en las grandes praderas donde raramente llega el hombre. El emú es el más apático de sus semejantes:

el porte y los movimientos son monótonos y para verlo excitado es necesario que se den condiciones extraordinarias.

Rechoncho de cuerpo, tiene el cuello, patas y alas cortas. Las patas con tres dedos, con uñas cortas y robustas, de las cuales la exterior e interior son muy cortas. El plumaje color moreno opaco recubre también la cabeza, dejando desnudos solamente los lados de la cabeza y de la parte alta del cuello. Es muy evidente un collarín blanco en la base del cuello. El pico es largo y aplastado.

Todas las rátidas se podrían adaptar bien a nuestros territorios, con tal de que se pongan a su disposición recintos amplios y no se les obligue a permanecer encerrados en cobertizos o barracones cuando las condiciones climáticas invernales nos dan la sensación de que puedan ser perjudiciales para estos animales: al contrario, la reclusión podría ser fatal para estas aves.

En los Estados Unidos de América existen explotaciones, además del avestruz propiamente dicho, de las antes citadas rátidas, y de ellas se ocupan intensamente organizaciones de criadores y organismos universitarios.

Entre las RATIDAS se deben citar para finalizar el TINAMU, ave semejante a la codorniz y a la perdiz que pertenece a un grupo primitivo del Centro y Sur de América, y el KIWI, perteneciente a los Apterigiformes, originario de Nueva Zelanda, que se parece al emú.

Emú.

Consideraciones de carácter personal

En todos los años de actividad zootécnica me han interesado siempre los problemas e iniciativas que mostraban aspectos innovadores; me estimulaban más aquellos que, en cierto sentido, eran casi desechados por los colegas porque eran considerados imposibles. Siempre me ha impulsado la voluntad de utilizar, para afrontar un nuevo problema zootécnico, los más exactos dictámenes de la investigación veterinaria científica, siendo el primero de ellos el relativo a todos los parámetros (opiniones, recogida de datos anamnésicos) necesarios para sintetizar una solución y un método lo más próximo posible a la realidad.

Otro método de investigación que he adoptado ha sido el de las analogías, incluso las más lejanas y por tanto las más impensables: en sus inicios, la investigación buscaba en la discusión interdisciplinar las posibles afinidades de conceptos y, no raramente, descubrimientos importantes han surgido de una confrontación de ideas análogas.

Hasta cierto punto el avestruz, que hasta ahora, al menos para mí, era sólo un animal de zoo, se ha situado entre un conejo, una gallina ponedora, una vaca de leche y una línea de cerdos híbridos. En efecto, apenas me propusieron que me interesara por este animal, me apresuré a visitar a un amigo propietario de un zoo de Padua. Me habló ampliamente de él, terminando por decirme que ya no los quería, porque había tenido problemas con los visitantes del zoo que no querían comprender que tenían que dejar de dar a los avestruces todo lo que se les pasaba por la cabeza: ellos se divertían y los avestruces morían. He comenzado así creando el primer sistema de alimentación y el primer pienso italiano y después, en cascada, investigando, experimentando y aconsejando: sin fáciles entusiasmos y sin crear fáciles entusiasmos.

La zootecnia moderna ha desarrollado todas las posibles crías, capaces de producir beneficios a quien las dirige y dar alimento de carne al hombre, aunque muchas veces contrariando los principios naturales.

En ciertos países como Sudáfrica, se nos ha asegurado hace tiempo que de una densa presencia salvaje de un animal autóctono se podía hacer nacer,

Grabado de finales del ochocientos.

aprovechando tecnologías del viejo y nuevo mundo, un nuevo tipo de cría zootécnica que produjera beneficios. Las partes utilizadas de estos animales eran consideradas óptimas y, por tanto, no podía existir nada mejor que extender esta zootecnia en lugar de importar, si fuera posible, una ya desarrollada en otro lugar. Entre otras cosas se había constatado que esta cría podía desarrollarse sin necesidad de grandes recursos nutritivos para el mantenimiento del animal, es decir, aprovechando en su mayor parte los productos de la tierra, sin que fueran necesarias las fuertes transformaciones industriales sufridas por muchos principios nutritivos destinados a alimentar a otras especies comerciales: podía ser una zootecnia autárquica y con reducidos costes de producción.

El avestruz, que es el animal del que hablamos, se convirtió en una especie zootécnica partiendo del animal salvaje que era.

Ahora, unos años después, se nos ha hablado de él en el resto del mundo, y ha nacido una nueva rama de la Avicultura, o bien se ha ensanchado la fauna silvestre: en el momento en que escribo, todavía no se ha decidido a qué rama zootécnica debe pertenecer el avestruz.

La cría del avestruz puede representar una alternativa beneficiosa, desde varios puntos de vista, a otros tipos de cría actuales y suministrar económicamente productos al hombre. Estas páginas tienen el objetivo de informar tanto

CONSIDERACIONES DE CARACTER PERSONAL

a los que no saben nada de cría de animales como a los criadores habituales, así como a los empresarios genéricos que desean tener alguna idea práctica sobre este animal.

Estos podrán comprender que aun siendo el avestruz un animal salvaje más o menos doméstico o domesticable, no obstante queda todo por descubrir, tanto desde el punto de vista de su modo de ser y de vivir, como de la práctica de su dirección y de sus necesidades vitales y de salud. Quizá es también uno de los sujetos genéticamente puros, pues existen pocos o ninguno entre los cerdos, los pollos de carne y huevo, los bovinos y otros que vemos normalmente en nuestras explotaciones ganaderas. Quizá sólo entre los bovinos encontramos razas puras en sentido estricto como la Chianina, pero entre los cerdos, para dar un ejemplo, también las clásicas Large White y Landrace son ahora el recuerdo de la raza original. De ellas obtenemos óptimos cruzamientos que queremos por muchas razones técnicas, pero muchas veces observamos que las características positivas que queremos no se perpetúan: es que partimos de razas no puras. Ahora que tenemos un animal prácticamente puro, el avestruz, se puede decir que vale la pena programar su cría de una forma científica sin olvidar nada, porque podremos obtener mucho de las mejoras tanto técnica como económicamente. Es necesario aprovechar el período inicial que vivimos, con sus ventajas económicas, para actuar de forma no empírica, pensando que el interés inmediato no debe ser el fin en sí mismo, sino que debe servir para plantear el trabajo de un modo científico a largo plazo, como merece la larga vida del avestruz. Es preciso superar la falta de conocimientos prácticos que son difíciles de encontrar, porque los pocos existentes son escasos en las diferentes partes del mundo. Es necesario evitar que los conocimientos sigan siendo patrimonio de unos pocos o estén ocultos en volúmenes quizá viejos.

Estas páginas, aunque tendrán sin duda necesidad de ser completadas en el futuro, serán útiles para comenzar el conocimiento del avestruz como animal presente desde hace siglos, sin ruidos, en esta tierra, y después como animal de cría, y al final alguien dirá que en cierto sentido estas páginas han sido las primeras reunidas en un único fascículo de consulta: por precisión y objetividad hay que decir que al comienzo del siglo veinte hubo un predecesor en un breve «manual» que, no obstante, por cuanto me consta, permaneció aislado en el tiempo.

Leyendo este libro, podrá parecer que se ha dado mucha importancia a la parte técnica del conocimiento del avestruz y poca a la económica y comercial, pero no es verdad: los resultados económicos están siempre firmemente ligados a un óptimo conocimiento de los problemas técnicos, que se pueden y deben adquirir para trabajar después con métodos no empíricos. El resto, el conocimiento de la economía y la capacidad de gestionarla brillantemente, está innato en todo empresario que merece ser llamado así.

Esta obra, que hemos querido que sea descriptiva, está exenta, salvo puntos en los que no ha sido posible expresarse de otra forma, de terminologías y vocablos modernos y/o pertenecientes a los trabajos; no quiere ser un tratado de estilo universitario, sino que pueda suministrar numerosos principios para poner en marcha investigaciones profundas útiles para resolver las muchas dudas que todavía hay en la cría del avestruz.

Un consejo para quien ha seguido o sigue todavía mis artículos en la «Rivista di Avicoltura»: aunque haya pasado poco tiempo desde que los han leído, es conveniente releer en estas páginas lo que se cree que ya se conoce.

Notas sobre anatomía y fisiología

En estas páginas nos limitaremos a señalar en qué y por qué el avestruz se diferencia de las otras aves. Subrayaremos sobre todo aquellos puntos que pueden ayudarnos a comprender o interpretar mejor al animal «avestruz», no sólo por su originalidad en sí, incluso en detalles de poca importancia, sino también porque su conocimiento nos ayudará a criarlo mejor en sintonía con sus necesidades naturales.

Cuanto se ha mencionado muy sucintamente se podrá encontrar más ampliamente descrito, porque es igual o similar a otras aves, en otros tratados sobre las aves en general y en los que permiten estudiar la vida de los animales desde cada punto de vista particular. Lo que sigue se refiere al avestruz propiamente dicho, y para las otras Rátidas se hace cierta mención en el cuadro de comparación en el capítulo que se refiere a ellas.

La denominación CAMELUS se le atribuye por algunas afinidades anatómicas con el camello que determinan ciertas analogías de porte: el cuello y las patas largas, la forma de los dedos y la frecuente callosidad (de los animales que viven en terrenos áridos y pedregosos) que se observa en el abdomen, en el esternón y en la yema del dedo mayor; se puede añadir que el avestruz se acuesta como el camello, doblando primero la rodilla, apoyando después el esternón y finalmente dejando caer a tierra la parte posterior.

Las características somáticas

Las *características generales somáticas* nos dicen que el *Struthio Camelus* es el ave con el máximo desarrollo tanto en altura como en envergadura: las variedades *Camelus Camelus* y *Camelus Massaicus* tienen medidas mayores que el *Camelus Australis* del que nos ocupamos. La altura del macho adulto con cuello erecto alcanza los 2,60/2,80 metros, la envergadura los 2,70/3,00 metros con las plumas desplegadas y el peso a 14/18 meses de edad los 150/160 kg; la hembra es ligeramente más pequeña y más ligera. El pico es obtuso y aplastado con punta redondeada; los ojos grandes y prominentes están dominados por

LA CRIA DEL AVESTRUZ

pestañas largas y están protegidos por tres párpados. Las patas están formadas, en la extremidad que apoya sobre el terreno, por dos dedos vueltos hacia adelante, que se dice que son el tercer y cuarto dedo de la pata primordial; el cuarto dedo no tiene uña, mientras que el tercero, más largo, lleva la última falange cubierta por una uña. De adulto, el avestruz presenta dimorfismo sexual, que se pone de manifiesto en el macho por el plumaje negro y por tener plumas blanco limpio en la cola y en las alas, y pico y superficie anterior de las patas rojas, mientras que la hembra se caracteriza por el plumaje gris-marrón con plumas blanco sucio en la cola y en las alas.

Los órganos del movimiento

Los *órganos del movimiento* que en un ave interesan tanto a la parte superior como a la inferior del cuerpo, en el avestruz se refieren sobre todo a los miembros inferiores. Dada la falta de aptitud para el vuelo, también el aparato esquelético de los miembros torácicos es mucho menos complejo que el de las otras aves, aproximándose por simplicidad al de los mamíferos. Al contrario, la cintura esquelética pelviana es mucho más robusta. Esto se explica porque

Esqueleto de avestruz. Museo de Historia Natural de Milán.

NOTAS SOBRE ANATOMIA Y FISIOLOGIA

Esqueleto de pata izquierda.

mientras un ave normal no tiene necesidad de tener que amortiguar los choques con el suelo, porque las alas sostienen su peso en el caso de caída, el avestruz debe amortiguar los golpes y los simples apoyos en tierra con la elasticidad de las patas y sin el sostén de las alas, que lo más que hacen es mantenerlo en

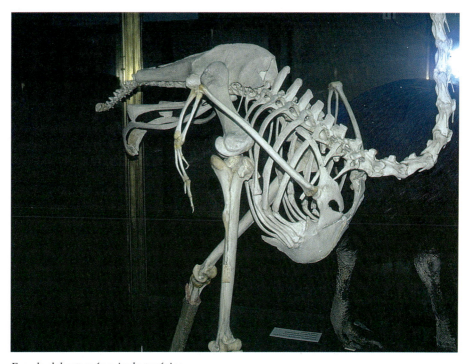

Escudo del esternón y jaula torácica.

equilibrio. En la cintura torácica se simplifica la denominada «horquilla» clavicular y el esternón ya no posee la quilla, que tenía como fin principal proporcionar una robusta unión a los músculos pectorales necesarios para el movimiento de las alas, sino que tiene la forma de un escudo que aumenta la protección de los órganos interiores de golpes ocasionales o de ataques de otros animales. El esqueleto de los miembros inferiores comienza por la cintura pelviana (donde se tiene, a diferencia de todas las aves, la sínfisis isquio-púbica como en los mamíferos) y continúa con los miembros propiamente dichos constituidos por huesos largos huecos (fémur, tibia, tarso/metatarso, dedo), formados por una pared ósea muy gruesa; llevan en las extremidades proximales y distales cóndilos y trócleas que permiten a las diversas articulaciones movimientos postero/anteriores muy amplios y antero/posteriores limitados.

La musculatura está diversamente desarrollada: igual que en las demás aves la de la cabeza, cuello, «plumas» (músculos de la piel), abdomen y pelvis; escasamente desarrollados los músculos del dorso, tórax (pectorales) y de los miembros superiores. Máximo desarrollo tiene la musculatura de los miembros inferiores, que se parece mucho a la de los mamíferos polidáctilos.

El aparato respiratorio

Está formado por las primeras vías aéreas (narices y pico), por la tráquea, los pulmones y los sacos aéreos. Las narices están situadas lateralmente en la base del pico. El pico, con su amplia apertura, lleva en su parte craneal la amplia apertura de la tráquea, apertura que es redonda, prominente cuando está abierta y se encuentra centralmente en la parte más baja de la base del pico. La tráquea desciende por el lado izquierdo del cuello y se bifurca formando los bronquios, que entran en el conjunto formado por los dos pulmones y una densa red de sacos aéreos que se extiende también por los huesos huecos, incluidos el fémur y la tibia.

El sistema nervioso

Viene a parar a un cerebro de reducidas dimensiones y tiene las partes central y periférica con un desarrollo igual al de las otras aves domésticas.

El aparato circulatorio

Del *aparato circulatorio*, cuyo órgano central, el corazón, está bien desarrollado y tiene un peso de 1 kg aproximadamente (en el adulto), hay que recordar la particular evidencia de la vena yugular que corre por la parte derecha del cuello.

El aparato digestivo

Comienza en la cavidad del pico, formado por dos valvas exentas de asperezas y que tienen escasa capacidad de toma del alimento; la lengua es lisa, en forma de triángulo equilátero achaflanado.

En la porción craneal de la cavidad del pico y sobre su base se abre el esófago, en posición próxima y sobre la tráquea; desciende por la parte derecha del cuello, a diferencia de los mamíferos en los que desciende a la izquierda. El esófago, en su parte superior, tiene una considerable capacidad de dilatación, tanto que puede contener mucho alimento durante la toma del mismo con la cabeza baja. El esófago termina directamente en el estómago glandular (proventrículo), ya que falta el papo o buche. El estómago glandular tiene una pared delgada que forma un receptáculo no muy amplio y que se reduce por pliegues longitudinales de la mucosa. Al proventrículo le sigue el estómago muscular (ventrículo), formado por un receptáculo de pared muscular muy gruesa que termina en la entrada del intestino. El duodeno, la porción móvil y el recto que desemboca en la cloaca forman el intestino que solamente en el avestruz, entre las rátidas, es muy largo (en el adulto unos 11 metros). En la segunda parte de la porción blanda del intestino se encuentran los ciegos, que tienen una longitud de 50 cm. El hígado (en el adulto pesa aproximadamente 2,8 kg), cuyo conducto excretor no tiene la vejiga de la hiel, aun estando adyacente al duodeno está situado en la jaula torácica antes que en el abdomen y, por tanto, se encuentra entre los órganos internos protegidos por el escudo del esternón.

El aparato excretor

Está formado por los riñones, que son lobulares y situados a lo largo de la espina dorsal, y por los uréteres, que antes de desembocar en la cloaca depositan la orina en una pequeña vejiga, derivada de una modificación de la bolsa de Fabrizio, que también es denominada «bursa cloacae» por su disposición junto al proctodeo. De la vejiga la orina llega al exterior en una de las subdivisiones de la cloaca, que se identifica con el urodeo.

El aparato reproductor

No difiere del clásico de las ovíparas, excepto en que en el macho los conductos preferentes provenientes de los testículos confluyen a través de la papila eyaculatoria en un surco, que se forma longitudinalmente en la superficie ventral del pene: en el momento del apareamiento, o de cualquier forma en todos los casos de particular excitación, el pene se despliega asumiendo la forma y la dimensión de un pene propiamente dicho. Este órgano, que se despliega por la pared ventral de la cloaca, está formado por tejidos eréctiles que se hinchan al llenarse de líquido linfático y no de sangre como en los mamíferos.

La anatomía de la cloaca es pues diferente en los dos sexos y estos son, por tanto, distinguibles también en los jóvenes polluelos: es posible una determinación del sexo mucho antes de la aparición del dimorfismo sexual.

La cloaca del avestruz está formada por tres cámaras distintas delimitadas por pliegues de la mucosa: el coprodeo donde se abre el recto, el urodeo donde se abren el conducto urinario y el genital, y el proctodeo o cámara terminal que separa las partes vitales de la cloaca del exterior.

En la pared ventral de la cloaca está presente en el macho, como hemos dicho antes, el pene, y en la hembra un clítoris también visible ya en el nacimiento; en su diferente presencia se basa la técnica del sexaje. Para realizar esta prueba, además de la técnica manual, se han intentado también técnicas de inspección con fibras ópticas, pero previendo la utilización de equipos especiales para la inspección, podemos dañar los delicados tejidos cloacales.

El estudio y descripción del método de sexaje manual en la primera edad han sido realizados sobre todo en Sudáfrica y ha tenido su origen en una observación preliminar: el avestruz es un animal que soporta mal ser retenido y, por tanto, era necesario hacer una inspección en la primera de las edades, cuando el animal es todavía fácilmente «manejable»; el método es factible hasta que el avestruz tiene como máximo 6 kg de peso vivo, porque hasta este momento se le puede retener fácilmente sin daños y sin medios artificiales. El operador, sentado, pone las patas del animal entre sus rodillas y con la cabeza vuelta hacia sí mismo. Con las manos libres de toda necesidad de retención, alza la cola tirando del labio dorsal de la apertura cloacal y al mismo tiempo, con la otra mano, provoca una delicada eversión de la porción caudal de la pared ventral, que permanece desplegada: en el polluelo macho se muestra evidente en la pared ventral de la cloaca el pene como un órgano cónico recorrido por un surco en su superficie superior y que se presenta con una coloración intensa. En el polluelo hembra se observa un clítoris similar a un pequeñísimo pene, pero comprimido lateralmente, sin el surco dorsal y de color muy claro. Aun sin verlo directamente, una sensible palpación digital permite sentir el pene e identificar al macho; no sentir el pene, sino como máximo una ligera hinchazón de la pared ventral de la cloaca indica que se trata de una hembra. La retención es fácil, pero es necesario adquirir cierta práctica para limitar el tiempo empleado para el examen a 30/40 segundos. Se evitará una irritación de la parte desplegada que de cualquier forma debería volver a la condición normal en poco tiempo.

El huevo

En la porción craneal del oviducto cae, en el momento de la maduración del folículo del ovario, la *célula huevo*, de cuyo desarrollo hablaremos ampliamente en el capítulo sobre la incubación.

La maduración de cada folículo puede tener lugar cada 48 horas y, por tanto, en el período estacional adecuado (ver capítulo sobre el apareamiento) se puede verificar la puesta de 120/140 huevos. La célula huevo se completa, como veremos, durante su descenso en el oviducto, y es la mayor producida por animal vivo, al menos por lo que conocemos. Su dimensión y su peso varían según el período de puesta entre las medidas indicadas en el cuadro 1.

La composición química es, en cada uno de los tres componentes fundamentales (cáscara, clara y yema), prácticamente idéntica a la del huevo de la gallina. La composición total es diferente como consecuencia de una diferente proporción entre sus componentes (cuadro 2). La cáscara, de color blanquecino o algo amarillento, tiene una superficie de ligera cáscara de naranja que disimula los innumerables poros. Su espesor varía de los 2 a los 3 mm. La clara está constituida por una masa única de color amarillo transparente: en ella aparecen los característicos cordoncillos opacos (chalazas), que tienen la función de mantener centrada la yema en el interior de la clara: la yema flota en la clara a causa del diferente peso específico y por tanto se encuentra siempre, independientemente de como se coloque el huevo, junto a la pared superior de la cámara formada por la cáscara. La yema, que como se ve en el cuadro 1 es en proporción más pequeña que la de la gallina, es de un color amarillo naranja claro con ligeros reflejos verdosos.

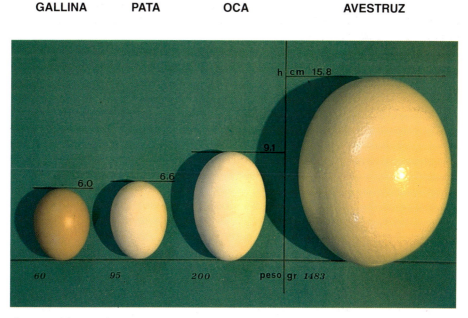

Comparación entre huevos.

Cuadro 1. Comparación de huevos

		Gallina		Pata		Oca		Avestruz	
Dimensiones	diám. máx. mm.	60		60		87		160	
	diám. mín. mm.	43		44		62		120	
		g	%	g	%	g	%	g	%
Pesos huevo	entero	60	100	95	100	200	100	1.483	100
	cáscara	9	15	12	13	34	17	334	23
	clara	36	60	47	49	94	47	868	58
	yema	15	25	36	38	72	36	281	19
Pesos huevo	sin cáscara	51	100	83	100	166	100	1.149	100
	clara	36	70	47	56	94	56	868	76
	yema	15	30	36	44	72	44	281	24

Cuadro 2. Valores analíticos de los huevos

			(*)	Gallina g	(**) x 24,7 g	Avestruz g
Cáscara peso de cuadro I				9	222,3	334
	Calcio	como Ca	34,80%	3,13	77,30	116,20
	Carbonatos	como CaCO$_3$	90,80%	8,17	201,80	303,27
	Fosfatos	como PO$_4$	0,22%	0,19	0,48	0,73
Clara peso de cuadro I				36,00	889,20	868,00
	Proteínas		8,01%	2,88	71,22	69,52
	Grasas	mín. 0,50%	N.V.	—	—	—
	Colesterol	mín. 20 ppm	N.V.	—	—	—
Yema peso de cuadro I				15,00	370,50	281,00
	Proteínas		14,80%	2,22	54,80	41,58
	Grasas		31,70%	4,75	117,32	89,07
	Colesterol		12.218 mg/kg	0,183	4,52	3,42

(*) Valores de los análisis efectuados por el laboratorio NEOTRON SrL de Vignola (MO).
(**) Valores de un hipotético huevo obtenido multiplicando los valores de un huevo de gallina x 24,7 = peso del huevo de avestruz, dividido por el de gallina (1.483 g: 60 g); los valores nutritivos del huevo hipotético son superiores al ser, en el peso total cáscara incluida, muy inferior la incidencia de la cáscara.

La temperatura corporal

La *temperatura corporal* del avestruz es de 102-104° F (38,8-40° C) y se mantiene constante por un sistema sensorio cerebral. El avestruz que pertenece a los homeotermos tiene, en efecto, la posibilidad de mantener su propia temperatura en los niveles óptimos, soportando incluso diferencias térmicas ambientales muy amplias. Si el ambiente es frío, el sistema termorregulador interviene determinando un menor flujo de sangre en las zonas cutáneas y creando una predisposición de la masa del plumaje a formar una cámara de aire aislante. Este mecanismo deja descubiertas y sin defensas frente a las bajas temperaturas a algunas partes del cuerpo, los miembros inferiores, es decir las que no están cubiertas por el plumaje: en el caso de que el animal se acueste, en una noche invernal particularmente cruda, en un terreno húmedo y helado, corre el riesgo de congelación de los miembros, que también por el mecanismo citado han disminuido la emanación de calor a nivel cutáneo. Uno de los depósitos de «provisión» de energía está constituido por la grasa subcutánea estrechamente unida, casi para formar un solo cuerpo, a la primera capa de la piel misma. En su ayuda se produce también un aumento del ritmo metabólico con el consiguiente incremento de producción de calor. La alta tasa de metabolismo, que se muestra evidente observando la rapidez del crecimiento natural de los jóvenes avestruces, significa también una rápida pérdida de calor y una rápida utilización de las energías corporales que el animal reintegra igual de rápido con la ingestión de alimentos apropiados. Se ha observado la pérdida de peso, como consecuencia de lo antes indicado, en polluelos que, puestos en ambientes de temperatura insuficiente y en la obscuridad y de noche, no se habían alimentado y no habían tenido la posibilidad de reequilibrar la pérdida de energía (hipotermia).

La voz

El avestruz adulto no tiene cuerdas vocales. En algunos períodos de la vida emite sonidos particulares: apenas nacido y hasta el mes de vida, o hasta cuando se siente suficientemente independiente, emite silbidos alternando con gorgoteos que dan la sensación de una llamada a los padres. De adulto el macho, durante el cortejo que precede al apareamiento, emite profundos e intensos mugidos o rugidos. Durante el resto de la vida no emite sonidos, como hace durante toda la vida la hembra.

El oído

El avestruz está dotado de un oído muy desarrollado que le permite percibir un pequeño ruido desde mucha distancia: a pesar de que tiene las aperturas auriculares vueltas prácticamente hacia atrás, consigue localizar rápidamente la procedencia del ruido, provocando un rápido control con la vista.

La vista

La *vista* está muy desarrollada en profundidad, pero no está dotada de capacidad «gran angular». Percibe sobre todo los colores claros y brillantes. Si no se produce una señal perceptible por el oído que provoque una desviación de la dirección de la mirada hacia la fuente del sonido, no es capaz de desviar la mirada hacia el objeto de su interés si éste se desplaza rápidamente. Es un óptimo cazador de moscas, pero si se le impide la posibilidad de sentir el clásico zumbido no es capaz de seguir su vuelo y cogerlas con el pico.

El olfato y el gusto

El *olfato* y el *gusto* del avestruz son imperfectos y, para el primero, se puede decir que tiene un pequeñísimo radio de acción: esto explica por qué, llevado por la vista, apunta decidido a todo lo que le atrae «visualmente» en el terreno para después ingerir «casi» todo lo que pica.

La fisiología

La *fisiología* nos muestra algunas particularidades interesantes.

La *digestión* se aparta de la de las otras aves, sobre todo porque en el avestruz está ausente el buche. El alimento y cuanto el animal decide ingerir es cogido por el pico y hecho avanzar hacia la apertura del esófago sin que, por la ausencia de dientes y la escasísima movilidad de la lengua, pueda tener lugar una masticación. Posteriormente por gravedad llega a la porción superior del esófago mismo que, por la posición inclinada de la cabeza, forma un receptáculo donde el alimento se acumula hasta el momento en el que el animal interrumpe la ingestión. Por gravedad, pero también por la acción de la onda peristáltica, es hecho avanzar hasta los estómagos. El primero, el estómago glandular que parece casi una dilatación del esófago, tiene únicamente la función de almacén donde el alimento recibe los jugos gástricos, preferentemente ácido clorhídrico y pepsina, y en él no tiene lugar ninguna acción de mezcolanza del alimento como ocurre en el buche. Por tanto, una correcta mezcolanza del contenido del estómago glandular depende esencialmente de una diferenciada ingestión de alimentos de diversa estructura y calidad, incluida el agua. Sólo de este modo puede llegar una masa homogénea al estómago muscular, donde se inicia la verdadera digestión que continúa en el intestino. La digestión de la celulosa, que representa una gran parte del alimento ingerido, tiene lugar tanto en los ciegos como parcialmente (como en las palomas) en el intestino; en efecto, la flora bacteriana capaz de demoler la celulosa se extiende por todo el intestino. La defecación se repite varias veces durante la jornada y tiene un aspecto, color y consistencia constantes, ya que las heces no se diversifican, como en las otras aves, en heces cecales y heces intestinales, ni tampoco se mezclan con la orina que es emitida aisladamente. El aspecto de las heces es globoso y cada emisión es comparable a una trenza de lana de 4 cm de grueso y 8/10 de largo. El color es verde oscuro y la consistencia como la trenza de lana.

En la *respiración*, la fase más importante es la inspiración porque, cuando ésta tiene lugar, todas las primeras vías aéreas, narices, pico y apertura craneal de la tráquea, se abren ampliamente, y como el aire inspirado llega directamente a los sacos aéreos, cualquier materia extraña y nociva para la función respiratoria puede fácilmente afectar a la parte más delicada, los sacos aéreos; en caso de que se presente un proceso inflamatorio, aunque ligero, que afecte a las vías aéreas, también llega el moco a los sacos aéreos y de estos, durante la espiración, se envía a los pulmones con las consiguientes posibles neumonías. Los sacos aéreos que, como hemos dicho, están muy ramificados en los huesos largos, participan en la regulación de la temperatura corporal y en el balance de los pesos (alas), muy importante para el equilibrio del animal en movimiento.

La función *excretora*, que es realizada por los riñones, se evidencia con la emisión frecuente de orina; frecuente porque la vejiga no es de grandes dimensiones. El color de la orina, que normalmente es blanco transparente, puede hacerse blanco opaco intenso en orinadas escasas que acompañan a una reducida ingestión de líquidos. El color blanquecino es debido a la normal presencia de bicarbonatos, cloruros y carbonato de calcio.

La fisiología de la *reproducción* no se diferencia de la de las otras aves, salvo en el acto del apareamiento que, mientras en las otras aves tiene lugar por «contacto» de las dos cloacas y, por tanto, con el depósito del esperma en la cloaca femenina, en el avestruz se efectúa con la introducción del pene desplegado en la parte inicial del oviducto, con depósito del esperma directamente en éste. Sin embargo, una peculiaridad distingue esta acción de otras análogas: los conductos deferentes se paran anatómicamente en la cloaca y por tanto el esperma no prosigue su flujo hasta la parte terminal del pene en un conducto por el interior del tejido eréctil, sino que recorre por el exterior del tejido mismo el surco longitudinal.

Vale la pena recordar que además de algunas características peculiares del avestruz que las menciona fácilmente la gente (altura y estómago de avestruz, esconder la cabeza en la arena como un avestruz), la que incluye todo el desarrollo de la reproducción tiene, más que en los demás animales, el aspecto verdadero de cómo se reproduce la fauna. Todas las repetitivas danzas de celo del macho, las ligeras ondulaciones de las alas de la hembra que preanuncian la puesta del huevo y la predisposición al apareamiento, la formación del óvulo, pequeño como cualquier otro, pero llevado al exterior por una envoltura de grandes dimensiones, y la misma incubación natural, están evidentemente preordenadas por un perfecto mecanismo hormonal cuya existencia nunca ha sido tan evidente como en el avestruz.

El comportamiento

La total adaptabilidad a las más diversas condiciones ambientales y la constitución física, que se puede decir que no ha cambiado al menos en los últimos siglos, aunque haya habido mutaciones en el tiempo, han consolidado por parte del avestruz una serie de actitudes y actividades que nos permiten delinear su comportamiento, quizá mucho más que en otros animales criados industrialmente. Para estos últimos quizá no se ha tenido nunca en consideración un serio estudio sobre su vida de relación, pero sin juzgar el pasado, en el caso de los avestruces resultará útil examinar este aspecto de la zootecnia, que normalmente es tarea de los etólogos.

Normalmente, quien se ocupa de animales pretende investigar, incluso porque es solicitado por la curiosidad popular, las capacidades cerebrales de los individuos, sobre todo cuando nos alejamos de los mamíferos. En el caso de los avestruces, como se observa a primera vista la reducida dimensión del cráneo, se piensa enseguida que a un cerebro pequeño no le puede corresponder más que una escasa o nula inteligencia. El avestruz no se escapa de estos razonamientos, pero sus acciones y su modo de vida pueden hacer pensar que algo más que el puro instinto guía a este animal, determinando su comportamiento.

Las particulares características físicas del avestruz condicionan o determinan su carácter. Si bien es verdad que hace tiempo perdió la capacidad de volar y adquirió la de correr, también es verdad que desarrolló una considerable musculatura para los miembros inferiores, pero no mejoró el apoyo en tierra, lo que es causa de una marcha inestable, hecho que le confiere la sensación de debilidad de un animal bonito. Si hacemos una comparación con otro bípedo, el hombre, vemos que, a igualdad de altura, un avestruz adulto tiene como media un peso doble que el hombre, con una base de apoyo en tierra igual a la mitad del pie humano (habrá que recordar esto cuando nos ocupemos del ambiente idóneo para el avestruz): es por fuerza inestable y corre balanceándose. Por tanto, también la fuerza física de los miembros inferiores y la inestabilidad son factores que condicionan su comportamiento.

En la vida en estado salvaje ha aprendido (¿inteligencia?) que la fuerza física de los miembros inferiores le daba la posibilidad de desplazarse con celeridad en busca de alimento; conocedor de esta fuerza supo usarla para defenderse «atacando» con una pata a modo de pico, con efecto también mortal. Para el avestruz, el ataque al agresor puede representar también la última posibilidad de supervivencia, y es por esto por lo que lo usa solamente después de haber intentado alejarse del adversario, aprovechándose siempre de la fuerza de los miembros inferiores para huir a velocidad difícilmente comparable en el mundo animal.

Pero la huida está limitada en el tiempo, porque las capacidades cardio-respiratorias, no entrenadas por el ejercicio del vuelo que le falta, son escasas.

Recuerda Michele Lesona un cuento de Anderson sobre la organización, por parte de un avestruz, de la huida de su familia frente al supuesto peligro: «cuando vio que nos estábamos acercando cada vez más, el macho aflojó inesperadamente la marcha y cambió de dirección», después volvió a acelerar, pero cuando advirtió que estábamos demasiado cerca, «entonces de golpe se dejó caer en tierra, imitando el comportamiento de un animal herido», pero era una treta «porque cuando yo me aproximaba, él se levantaba lentamente, y después se puso a correr hacia la familia que entre tanto se había alejado considerablemente».

Hemos dicho que la capacidad de caminar y correr le es útil para buscar comida; para esto le sirve también la vista: los ojos ven muy agudamente hacia adelante, pero tienen una escasa visión gran angular y desviación de la mirada. Percibe muy bien objetos claros por el color y el brillo.

Su posibilidad de sobrevivir alimentándose con todo género de sustancias que se encuentran en el territorio, posibilidad que hace que se le clasifique propiamente entre los omnívoros, le lleva a buscar, donde sienta necesidad de ello, insectos y pequeños vertebrados que ve de lejos aprovechándose de su vista aguda. Y también ve y reconoce la presencia de estos ocultos bajo la arena (uno de sus hábitats naturales), por pequeñas señales en la superficie. Este hecho me permite aventurar una explicación, que no me consta que haya sido nunca dada antes, de la famosa frase «no hacer como el avestruz», que esconde la cabeza en la arena. En efecto, ésta es la hipótesis, el avestruz sorprendido en aquella posición no «esconde la cabeza», sino que excavando en la arena blanda en el punto donde ha «visto comida», o quizá penetrando en la pequeña apertura de una pequeña guarida hecha por el animalito en la arena misma, parece que esconde también toda la cabeza, pero lo hace para alimentarse. Es una hipótesis que puede ser avalada por una consideración: temeroso como es del peligro que se deriva de la posible llegada de un enemigo, jamás se pondría en condiciones de no poderlo ver cuando apareciera: esconderse con la cabeza sería como suicidarse.

Volviendo de nuevo al problema de si se le puede atribuir inteligencia o no, debemos añadir que el avestruz se comporta como un ser conocedor de sus propias limitaciones y posibilidades; si lo observamos cuando tiene que definir perfectamente el nuevo ambiente y hábitat que ha elegido, por haber tenido que huir de otro o haber tenido que buscar otro alimento, veremos que permanece en atenta inspección visual durante jornadas enteras sin comer ni beber. Si a esto se añade que, quizá porque siente la necesidad o desea convivir con otros seres vivos, consigue entrar en sintonía con ellos solamente después de haber comprobado su confianza, se pueden encontrar las razones de su supervivencia durante siglos en zonas precisamente no generosas para la fauna.

Hemos intentado describir, aunque sea sintéticamente, la figura y el carácter del avestruz vistos en su ambiente natural. De su comportamiento en la denominada «cautividad» impuesta por el hombre, podremos sacar confirmación de cuanto se ha dicho u otras consideraciones; unas y otras nos podrán servir para establecer las modalidades más correctas y productivas a seguir para preparar una explotación.

Su sociabilidad le lleva a vivir de manera tranquila en recintos suficientemente amplios con sus semejantes, su familia o grupos coetáneos en crecimiento: agradece el cuidado del hombre cuando siente que es apreciado y querido. El recinto para el avestruz no representa una forma de cautividad, pero no debe estar solo.

Esta apetencia de la vida de grupo nace con él: también el polluelo muestra vitalidad si está en grupo.

De su aptitud a la vida de familia o de grupo de familias se ponen de manifiesto dos caracteres: el de la hembra, más tranquila y deseosa de sociabilidad, aún en plena puesta e incubación, y el del macho, que durante el período de actividad sexual muestra a quien se le acerca su propio ser: no se debe hablar de maldad y peligrosidad del macho porque, probablemente por instinto o recuerdo atávico de la escasa supervivencia de los nacidos, intenta defender en primera instancia su sexualidad frente a otros machos y después al huevo del nido, participando activamente en la incubación, y finalmente defendiendo a la familia en su conjunto.

Debemos hacer ciertas consideraciones respecto al deseo de convivencia, cuando ésta se refiere al hombre que después es el que debe dirigir la cría. Quizá menos que otros animales, sobre todo de gran volumen, desconfía del hombre, o al menos es quizá el único entre los no domésticos que muestra la posibilidad de unas buenas relaciones. Entre los domésticos, se puede hallar algo parecido en el caballo. No es difícil establecer una buena relación hombre-avestruz. Siempre que no sea después el hombre el que pretenda usar métodos coercitivos o cuando menos excitar al animal por una falsa e inútil demostración de superioridad: el hombre pagaría los gastos, pero no por culpa del avestruz. En efecto, si el hombre observa que el avestruz (la hembra es muy fácilmente domesticable) no soporta ser retenido de mala forma por un ala, y por el contrario se deja conducir si se acerca por un lado y lo coge con la mano derecha en la base del ala derecha y con la mano izquierda en la de la izquierda, él mismo se percata de que es muy positivo tener un cierto respeto hacia el animal.

En otra parte del libro se muestra un mosaico de la época romana en la que figura un hombre que lleva de esta forma a un avestruz.

No olvidemos aquellos momentos durante los cuales el macho repite parte de la danza de cortejo, usual hacia la hembra, dirigiéndola hacia el hombre que lo cuida y dirige; se podría pensar en una repetición del descubrimiento de Leonard Konrad (que le valió el Nobel) con la famosa oca Martina: la llamó «imprinting» y se trataba de la posibilidad de que el animal fijara profundamente en la memoria la figura del hombre que lo cuidaba, para después reconocerlo como un ser de su propia especie.

Cuando hablemos de la vida reproductora indicaremos la importancia que puede tener crear una *«privacy»* alrededor de la familia: esto no se opone a cuanto se ha dicho antes sobre el deseo del avestruz de socializarse con el hombre, pero en ciertos momentos —el período de los celos y cuando diariamente es bueno que coma tranquilo—, es necesario adecuarse a las condiciones particulares: si criásemos al avestruz solamente por el gusto de verlo caminar junto a nosotros, podríamos no tener en cuenta algunos detalles particulares, pero el avestruz es un animal que produce ciertos beneficios al criador y es bueno criarlo según la naturaleza.

Podemos concluir diciendo que el avestruz no se aparta mucho, en su comportamiento en general y hacia el hombre en particular, de los otros animales criados industrialmente, pero con algunas diferencias positivas que facilitan su convivencia: tiene una carácter transparente e identificable, vive en un ambiente natural sin tantas exigencias y vive en recintos sólo para sí mismo y para los demás.

El ciclo biológico

En este capítulo y con este título queremos hablar de todas las fases que caracterizan la vida del avestruz y cuya evolución determina los diversos grados del éxito de la cría.

Hablamos de ciclo biológico porque en las grandes explotaciones, por extensión y por número de cabezas, la alternancia:

— de la puesta,
— de la incubación,
— de la eclosión,
— del destete y
— del desarrollo

hasta la maduración (que cierra el ciclo), corresponde en tiempos y modos al ciclo natural o biológico de la vida del avestruz en estado salvaje. Aunque algunos utilizan terminologías modernas para definir el crecimiento y pretenden establecer mayores velocidades de evolución del ciclo, empleando piensos preparados ad hoc, al final se dan cuenta de que nada de lo que la madre naturaleza había predispuesto en estos animales puede ser variado de manera tan sensible como para ser considerado como positivo y productivo.

La biología manda y en ella se pueden buscar los medios adecuados para mejorar las resistencias física y sanitaria y las capacidades reproductoras y de crecimiento corporal, utilizando lo que la genética nos pone a disposición.

El ciclo biológico se representa fácilmente con un círculo en el cual se suceden las fases antes citadas y que cada uno puede iniciar donde quiera. Aunque debido a que es un círculo, cada fase sigue a la que le precede ininterrumpidamente generando otros ciclos idénticos, en el campo práctico, por las evidentes exigencias impuestas por el o los fines que justifican su cría, el ciclo puede ser **interrumpido en todo** (destinando a los nacidos al sacrificio) o **parcialmente** (destinando a los nacidos más idóneos para la reproducción y los excedentes al sacrificio). Estos tipos de ciclo se podrán realizar después de los

LA CRIA DEL AVESTRUZ

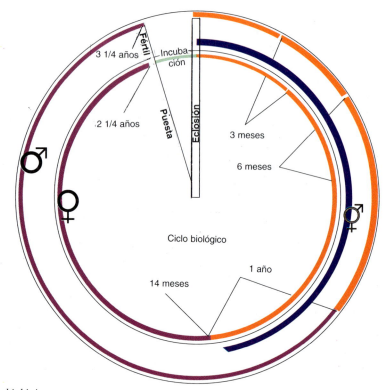

Ciclo biológico.

primeros años, pero en cuanto sea posible será conveniente que se formen dos tipos muy distintos de ciclo biológico: el **primero** de ellos es el más importante, porque representa la verdadera finalidad de la cría del avestruz (producción de carne, piel, etc.), claramente separado del **segundo**, más comprometido y por ello reservado a las explotaciones con tecnología avanzada, dirigido a la reproducción de sujetos de alta genealogía capaces de poner a disposición de los criadores, dedicados al primer ciclo, óptimos reproductores de animales para el matadero, quizá también procedentes de oportunos cruzamientos «mejoradores».

Teniendo en cuenta estas premisas y examinando en los capítulos correspondientes las características, ventajas y supuestos de los dos aspectos del ciclo biológico, cada uno podrá plantearse la forma que más se ajuste a sus deseos empresariales.

Inmediatamente después de este estudio, el empresario deberá examinar el momento del ciclo biológico en el que quiera insertarse, sabiendo que los tiempos biológicos para lograr el primer nivel prefijado no se pueden modificar: después, con una conducción cuidadosa y constante, los ciclos se sucederán de

EL CICLO BIOLOGICO

manera muy similar entre sí y continuarán durante un tiempo muy próximo a la duración de la vida del avestruz.

La preparación de una cría de avestruz puede tener lugar, por tanto, en varios puntos del ciclo y no es oportuno que ocurra en otros.

Los comienzos posibles son:

a) Desde el *huevo de incubación*, con la incubación de huevos adquiridos con o sin garantías de fertilidad; es la forma que conlleva el menor desembolso de dinero para la adquisición del material vivo (huevo) y un importante desembolso para la adquisición del equipo (locales, incubadoras, etc.), y que necesita desde el primer momento una buena preparación para dirigir las fases más delicadas: la incubación y las primeras semanas de vida de los polluelos. Además del riesgo de una escasa fertilidad, se pueden añadir las pérdidas —coste del aprendizaje— ocasionadas por un equivocado planteamiento de la incubación (embriones muertos y huevos no eclosionados a su debido tiempo o eclosionados fuera de tiempo). Asimismo, el aprendizaje comprende también las dos primeras semanas de cría durante las cuales las estadísticas muestran significativas mortalidades. Comenzar desde el huevo quiere decir autoproducirse los futuros reproductores, pero también continuar criando por encima de las propias necesidades vendiendo sujetos de 3-5 meses de edad en adelante como reproductores. Por tanto, es conveniente conocer muy bien todas las características de los sujetos de los que provienen los huevos.

b) *Adquisición de polluelos de 3-5 meses de vida*. Es un comienzo de ciclo que prevé una inversión todavía relativamente económica, pero sólo si se pretende autoproducirse los futuros reproductores; el coste de los polluelos impide durante los próximos años la posibilidad de hacer crecer a estos sujetos hasta el momento de utilizarlos para producir carne. Es un ciclo no excesivamente complejo y puede servir como aprendizaje para el futuro ciclo completo de cría: el director se habitúa a los animales y viceversa. Lo mismo vale también para el apartado siguiente.

c) *El inicio con animales que tienen una edad intermedia*, entre la antes indicada y la correspondiente a la primera madurez sexual: la inversión en animales será todavía relativamente pequeña y la necesaria para el equipo, al menos durante el primer período, se limitará a los recintos con los diversos accesorios.

d) *La adquisición de una o más familias al comienzo de la madurez sexual* es lo más rápido y comprometido: máxima inversión inicial y máximo e inmediato compromiso de la empresa, porque conduce a ver realizadas en seguida, en una sucesión impuesta por los rígidos tiempos técnicos, todas las fases del ciclo biológico.

e) Una extensión de este último tipo de inicio se produce por la adquisición de sujetos «testados», es decir probados en su capacidad reproductora. Hay que considerar como «testados» a los animales que tienen al menos un año de edad más que la que se considera como inicio de la madurez sexual, pero sobre todo son considerados como tales, posiblemente en el lugar donde vayan a vivir después de la transferencia de propiedad, los animales que presentan una buena puesta y fertilidad de los huevos.

La elección de un tipo de inicio en lugar de otro, como diremos más ampliamente después, depende también de cuando se considere más oportuno estar presente en el mercado: este aspecto es el más importante y la decisión sobre el camino a seguir es la más comprometida.

El medio ambiente

Al describir la vida del avestruz desde sus orígenes en estado salvaje, y en los últimos siglos en las primeras explotaciones, nos hemos referido siempre a un medio ambiente típico. En la naturaleza el avestruz dispone preferentemente, es decir elige porque vive mejor, de amplias superficies de terreno de llanura, posiblemente pero no necesariamente, cubiertas de vegetación forrajera, con escasa vegetación arbórea (el avestruz no quiere el agua ni los terrenos fangosos), donde puede correr, hacer los rituales cortejos de apareamiento y anidar.

No hemos hablado de las condiciones climáticas típicas del avestruz porque implícitamente, al describir las zonas originarias, se puede comprender cuales son. De todas formas, aludir a éstas podrá ser de ayuda para comprender mejor las necesidades de ambientación y de vida en nuestras regiones, para hacer óptima la fase más interesante: la reproducción.

Las áreas de la tierra típicas del Avestruz variedad Australis son las que presentan temperaturas preferentemente elevadas en el transcurso del año y alternantes valores de humedad, pero con notables diferencias térmicas entre el día y la noche. Se pueden considerar similares a las zonas de desarrollo de la cría en América, donde encontramos avestruces de otras variedades provinientes, en el pasado, de áreas del centro de Africa más cálidas y secas que las anteriores. La original capacidad del avestruz para adaptarse a soportar bruscos cambios de temperatura, capacidad debida a un sistema de termorregulación unido a un aparato de autoprotección del frío y de la lluvia, hacen de él un animal capaz de vivir en condiciones óptimas en nuestros climas, que son similares de norte a sur en cuanto mediterráneos, pero se diferencian de norte a sur en cuanto a duración de las estaciones cálidas, más idóneas para estimular una buena vida reproductora.

En este capítulo trataremos de las directrices esenciales que es bueno que se sigan en el planteamiento de una cría de avestruz: cuanto más correcto sea el planteamiento y más adecuado a las peculiares necesidades del animal y proporcionado a las capacidades y posibilidades financieras y a los programas del criador, más fácil será la dirección técnico-económica.

En otras palabras, compatiblemente con los riesgos ligados a la esencia de una cría de animales, una buena programación del medio ambiente llega a ser una acción preventiva contra una gran parte de los fracasos de la empresa.

El medio ambiente = la zona

A poder elegir, será conveniente determinar el lugar de la cría en una zona con ningún o poco viento, de escasa pluviosidad y con el período diario más largo de exposición al sol, es decir sin coberturas a saliente y poniente que, respectivamente, retrasan y anticipan la salida y puesta del sol. El sol representa la mayor ayuda para la reproducción y para la primera edad de los polluelos.

El medio ambiente = el terreno

Para los avestruces adultos y para los que se están desarrollando desde los seis meses en adelante, el terreno representa todo el ambiente y la fuente de un buen porcentaje de su vitalidad. En el terreno vive moviéndose prácticamente desde el alba hasta la puesta del sol. En el terreno busca incesantemente sustancias a ingerir, sobre todo si le es posible con fines nutritivos. Sobre el terreno cumple su espectacular actividad de reproducción.

La elección del terreno debe ser cuidadosa y allí donde el terreno disponible no resulte perfectamente adecuado, será necesario realizar los oportunos cambios correctores. Las consideraciones particulares más importantes se pueden resumir como sigue:

— terreno llano o en ligera pendiente (pendiente máxima del 2-3%), que es aceptable en el sentido de longitud de los paddocks y no en sentido transversal;
— para favorecer que caminen fácilmente, el terreno tiene que garantizar una elevada resistencia al pisoteo, teniendo en cuenta que el avestruz frecuenta preferiblemente las zonas perimetrales de los recintos, y al ser un infatigable caminante fuerza mucho sus capacidades;
— el terreno necesario y suficiente para «albergar» a todos los animales presentes y futuros previstos por el programa deberá estar constituido por una sola finca, para poder organizar mejor los necesarios desplazamientos de los animales de uno a otro paddock a través de caminos y pasillos;
— el terreno de una sola finca será asimismo más fácilmente cercado para aislar, desde el punto de vista sanitario y de seguridad, a los animales del exterior y viceversa;
— deberá hacerse un control de las características físicas y agronómicas del suelo. Cuando son suelos de grava y arena procedentes de rocas duras, particularmente idóneos desde el punto de vista de la resistencia al pisoteo, es-

EL MEDIO AMBIENTE

Sujetos de 8 meses en crecimiento.

tos son bastante lavados y si se quiere obtener una adecuada cobertura de hierba será necesario efectuar la preparación más conveniente, incluso con acarreo de tierra. Sigue siendo importante asegurarse de que el terreno sea drenante, de forma que en el período de las lluvias no se formen charcos de agua o, todavía peor, que todo el terreno se llene de agua.

Además del terreno propiamente dicho como medio ambiente para los paddocks, se debe tener presente la necesidad de dejar un espacio suficiente para la construcción de albergues para los servicios y, en el caso de que el programa lo prevea, para la incubación, el destete y la primera parte del desarrollo de los polluelos.

Estructuras

Para programar las adecuadas estructuras necesarias, una de las principales cuestiones que hay que plantearse es la de elegir «el programa» que mejor se adapte a sus exigencias económicas y organizativas: en otras palabras, se deben conjugar los fines que se han prefijado con «el ciclo biológico» que se ha elegido.

Una vez establecido el ciclo biológico que se pretende seguir, se podrá proyectar y dotar a cada sector de las estructuras necesarias para la cría. En el capítulo anterior, al hablar de los diversos ciclos biológicos, hemos puesto de manifiesto que es bueno desarrollarlos separadamente uno del otro. En particular, el ciclo de carne del ciclo de reproducción, sobre todo a partir del final del desarrollo a los diez meses aproximadamente. En la realidad diaria se comprueba, y se prevé que esto ocurrirá también en los próximos años, una evolución mixta de los dos ciclos. En efecto, el ciclo de carne se reduce cuando se utilizan los sujetos de desecho del ciclo de reproducción, como ocurre hoy en los Estados Unidos.

Pero, como veremos en los correspondientes capítulos, es necesario recordar que una cosa es criar con fines de carne y otra criar para la reproducción. Al programar las estructuras hay que tener en cuenta lo que hemos dicho antes, para después no tener que admitir que se han proyectado con falta de medidas o inadecuadas.

Hemos dicho que cuando la cría comprende la incubación hay que disponer de un edificio para la misma y para el destete de los polluelos. Dado que la cría se puede insertar fácilmente en una preexistente granja agraria, como ocurre en los Estados Unidos, se podrán utilizar algunas de sus estructuras, incluida una casa rural. La parte cubierta de los paddocks destinados al primer desarrollo se podrá obtener de un antiguo granero.

Los espacios

Hay que establecer las características básicas de las diversas secciones necesarias para la cría prevista. Es naturalmente impensable reproducir en Italia las condiciones de las explotaciones sudafricanas y de las del norte de América, tanto por las diferentes situaciones climático-ambientales, como por la diversa disponibilidad de terrenos agrícolas, que entre otras cosas tienen para nosotros una elevada incidencia como capital inmobiliario. Este aspecto no debe ser considerado como una verdadera limitación, ya que circunscribir a los avestruces en recintos no significa obligatoriamente limitar su bienestar y mucho menos su nivel productivo. Experiencias de criadores de Namibia confirman que reducir las superficies no es causa de «entristecimiento», ni siquiera para los animales adultos capturados en plena libertad. Esto no quiere decir arriesgarse a cometer ingenuos errores que proceden del escaso conocimiento de las características de este animal ... de cría.

Las superficies tanto de terreno como de ambientes cerrados deberán estar correctamente dimensionadas, para evitar la escasez o el exceso de las posibilidades de movimiento: evitar el exceso puede reducir la competencia sobre todo entre machos en desarrollo, y esto garantizará la conservación de la máxima integridad de la piel y de las plumas. Tanto si se dispone de un terreno llano, de mediana compactación y con una capacidad drenante, que es una condición ideal, como si hay que contentarse con un terreno medianamente idóneo, será bueno prever, al menos para los paddocks destinados a los sujetos reproductores, la rotación de la permanencia en cada paddock individual: considerando que por cada cabeza adulta es necesaria una superficie mínima de 200 m² (mínima por familia 500 m²), en esta superficie los animales deben permanecer durante períodos de cuatro meses y, por tanto, la granja deberá disponer de otros paddocks de modo que el terreno se deje «reposar» incluso, si fuera adecuado, para cubrir de vegetación. En la práctica, por cada familia adulta son necesarios tres paddocks de igual superficie (cuatro meses de uso y ocho de reposo). De este modo se creará constantemente el medio ambiente ideal para un animal como el avestruz, que sabemos que tiene una vida reproductora que dura 40 años.

Para los avestruces nacidos en la granja, después de un primer período de cría en cerrado/abierto (boxes unidos con parques al aire libre de forma que se aproveche el buen tiempo en abierto, y el refugio en caso contrario y de noche), se deberían preparar unos parques con equipos de división apropiados a los graduales momentos de desarrollo. Los nacidos permanecerán en la granja de 9 a 12 meses si se piensa en la finalización de carne. Es evidente que se deberá hacer un cálculo aparte en el caso de que una parte o todos los nacidos sean destinados a convertirse en reproductores, tanto para la venta como tales como para el aumento de la explotación misma. Como media, estableciendo análogos parámetros de rotación de los terrenos, será necesaria una superficie media por animal en desarrollo de unos 25 m².

Los espacios comprenden obviamente también los «cerrados» de fábrica, de los que hablaremos con detalle en los correspondientes capítulos. Se puede decir que son bastante restringidos y pueden por tanto ser obtenidos, como se ha dicho antes, de la casa rural.

Los cercados

Siendo el terreno la parte más importante de la cría, sigue siendo obvio que inmediatamente después viene en importancia el sistema de división en paddocks. Este sistema comprende tanto la creación de la planimetría de los diversos paddocks, «servicios» incluidos, como el método, los materiales y las medidas más idóneas. Hemos dicho que la explotación ha de considerarse materialmente aislada del ambiente exterior. El cercado para este fin podrá ser una tradicional «red» formada por una serie de postes (sección en T con porción superior doblada hacia el exterior) clavados en el suelo a una distancia proporcionada al tipo de red y capaces de resistir la misma formada por mallas densas. La red comenzará desde el suelo y tendrá al menos 2,0 metros de altura. Con el anclaje de la red en el suelo se evitará el acceso a la explotación de animales extraños, incluidos perros, y el intento de personas extrañas de molestar a los animales.

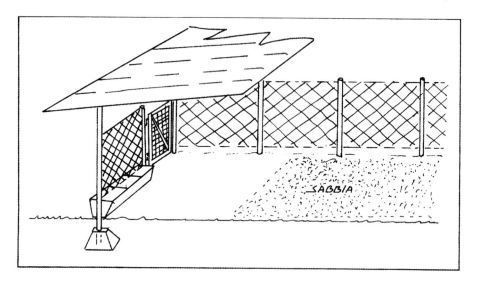

Cómo estructurar el cercado próximo a los cobertizos.

Todos los recintos que se creen en su interior deberán situarse de forma que dejen un espacio mínimo entre sí y el cercado exterior de 1,5 metros (pasillo).

Con estas observaciones habremos completado la protección de los animales, y si dimensionamos de modo adecuado el pasillo tendremos la posibilidad de una fácil inspección con un pequeño medio de transporte.

La división en paddocks debe ser estudiada de forma que cada uno de ellos tenga la forma de un rectángulo largo y estrecho, según una relación lado corto/lado largo de 0,8:6 a 1:10. Este dimensionado proporciona al avestruz la posibilidad de efectuar largas carreras y el cortejo del macho hacia la hembra; en el caso de animales en desarrollo se reducirá el espacio para carreras transversales y por tanto los posibles golpes, a veces violentos, contra los cercados mismos.

Los paddocks son normalmente contiguos entre sí, pero algunas veces para las familias de los reproductores puede ser útil dejar entre uno y otro paddock un estrecho pasillo donde una vegetación cualquiera pueda dificultar la vista entre uno y otro macho; hablaremos de ello en el momento oportuno.

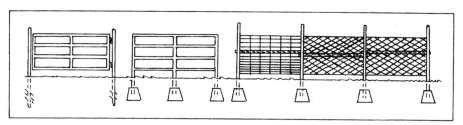

Diversos tipos de cercado entre los paddocks.

Cuadro 3.

	Altura de la red		Dimensiones de las mallas de la red	Distancia de los postes
	Desde tierra	Máxima		
De 15 a 45 días	0 cm	0,8 m	5x5 cm	1 m
De 45 a 90 días	15 cm	1,5 m	10x10 cm	1,5/2 m
De 90 a 180 días	20 cm	2,0 m	15x15 cm	2/3 m
Más de 180 días	25/30 cm	2,0 m	15x15 cm	2/3 m

Los sistemas y los materiales para realizar la división de los paddocks son los más diversos, debiendo respetarse algunas normas fundamentales: todo componente de los cercados u otros objetos presentes en el espacio reservado a los animales debe ser liso y exento de asperezas. Esto es porque cualquier obstáculo con el que pueda chocar el avestruz (el cercado por ejemplo, pero también un árbol) puede dar origen a un trauma grave, que normalmente produce posibles movimientos desordenados que acaban desastrosamente (animal no estable sobre las patas). Otra norma importante para la elección del cercado es su conformación y posición: en otras palabras, la dimensión de los espacios vacíos (por ejemplo las mallas de una red) y su distancia de la tierra. Estas medidas serán necesariamente dimensionadas en relación con el desarrollo de los animales y pueden ser las indicadas en el cuadro 3.

La distancia de la tierra y las dimensiones de los espacios vacíos tienen el fin de evitar que una pata, o la cabeza con el cuello del animal, enganchada en la abertura no consiga desengancharse fácilmente; el animal se pone nervioso, da tirones y cuando finalmente recobra la libertad de movimiento se ha hecho una herida, un rasguño, una luxación o algo peor (ver pág. 135). Otra consideración que hay que hacer es la robustez del cercado, sobre todo cuando se habla de paddocks para animales adultos (de 6/8 meses o más). Se puede afirmar que no debe ser un cercado antihundimiento y que, por tanto, no es necesario usar materiales y dimensiones de los mismos muy aparentes. Téngase presente que como máximo un avestruz puede abalanzarse o acabar una carrera contra la «barrera» del cercado apoyándose, con toda la fuerza de su propio peso impulsado por la velocidad, con el escudo del esternón. Los resultados de este choque son de diversos grados y pueden depender del tipo de cercado. Si es muy rígido, pero no sólido, fácilmente se rompe (incluso las pequeñas vigas de cemento armado tipo instalación vitícola). Si es sólido y flexible puede doblarse y volver a su posición sin romperse.

En cualquier cercado que se haga, los postes deberán ser preferiblemente de sección circular (tubos de hierro, postes de madera con bordes redondeados), y redondeados en la extremidad superior o con más de 2,5 metros de altura sobre el suelo.

En el caso de que se elija el cercado con red, ésta podrá ser galvanizada o plastificada (bien plastificada para evitar que con el pico el avestruz pueda arrancar trozos, primero pequeños y después grandes) y protegida a lo largo del margen horizontal superior por una barra similar a los soportes (más débil) o por un tubo de plástico cortado longitudinalmente y empalmado y atado a la red: se mitigará de ese modo el contacto del cuello del animal con el cercado. En el caso de que el cercado se destine a los adultos, será conveniente unir los postes verticales con una barra o viga horizontal a 1,2/1,4 metros del suelo, es decir a la altura del punto donde se podría apoyar el avestruz con el escudo del esternón.

Para los animales adultos, los cercados o divisiones pueden ser construidos con una serie de vallas de tubo de hierro. Estas vallas formadas por un perímetro de tubo de 4 cm de diámetro, al que se sueldan tubos de 2,5/3 cm, son de dos tipos: tubos horizontales distantes entre sí 25/35 cm, o bien tubos verticales distantes entre sí 16/18 cm. Las vallas con tubos horizontales conllevan un menor peso y un menor gasto, pero pueden tener el inconveniente de tener más puntos de apoyo para las patas, con los consiguientes posibles daños para el animal. Estos peligros se pueden limitar con las vallas de tubos verticales, que dejan como único punto de apoyo el tubo inferior de la valla misma.

Los paddocks individuales deberán estar dotados de puertas de entrada y de interconexión para poder efectuar con facilidad eventuales desplazamiento de animales.

Refugio-cobertizo de alimentación.

Recinto con vallas.

Dado que es conveniente proteger de la intemperie los comedores y abrevaderos, habrá que prever un cobertizo en una posición cómoda del recinto; la posición más corriente es en una extremidad del rectángulo. Las formas son muy diversas: desde el cobertizo que tiene parcialmente un refugio para albergar equipos y provisión de alimentos, hasta el cobertizo que cubre una pequeña parte del terreno exterior. Bajo el cobertizo se podrá encontrar la puerta de entrada al paddock.

La altura del cobertizo debe ser en el punto más alto exterior al menos de 3 metros: esta medida es indispensable para que el cobertizo mismo no constituya un obstáculo visual para el avestruz, poniéndolo en dificultades cuando tenga que entrar para ir a comer.

Cualquiera que sea la conformación del terreno del paddock, es conveniente preparar por lo menos 5-6 metros delante del cobertizo una capa de are-

Pasillo entre recintos.

na, aunque sea mixta; se creará una condición favorable a la puesta del huevo, en el caso de reproductores, y de todos modos un lugar para el reposo y autolimpieza. La arena permanece fácilmente seca y forma en los períodos fríos una cama seca, capaz de evitar al animal que se acueste posibles congelaciones peligrosas de los miembros inferiores de piel desnuda.

Los equipos

Comederos y abrevaderos son los equipos que se puede decir que completan el medio ambiente. Hay que observar todas las reglas indicadas para los recintos (materiales, ausencia de asperezas y de partes fácilmente desmontables); las dimensiones de cada recipiente, tanto para la comida como para el agua, deben ser indicativamente variables para el ancho y la longitud (por ejemplo 20 × 50 cm, 30 × 60 cm), pero siempre con una profundidad de al menos 15 cm para facilitar una buena toma de la «picotada» del pico; esto sobre todo en el abrevadero donde, para beber, el avestruz hunde el pico abierto enteramente, incluso parte de la cabeza. Los recipientes deben ser fácilmente vaciables de los residuos de comida o agua y limpiables, para que no quede tierra u otra cosa que el avestruz haya llevado, por ejemplo al ir a beber. Las soluciones son di-

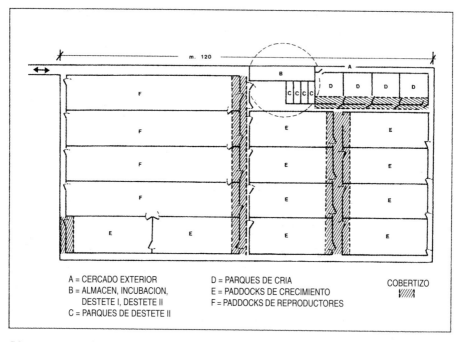

Cómo organizar el área de cría (esquema general)

EL MEDIO AMBIENTE

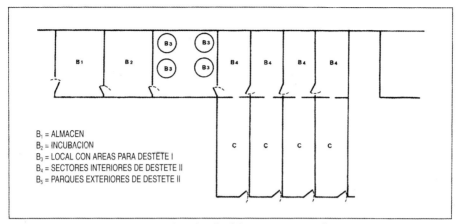

Distribución de los espacios cerrados (detalle del esquema general)

versas y todas prevén la colocación de los contenedores al abrigo del cobertizo y, por tanto, en el interior de la eventual caseta parcial: siguiendo la natural inclinación del avestruz para ingerir a nivel de tierra (primera detención de lo ingerido en el asa del esófago que se forma naturalmente en el cuello con cabeza baja) los recipientes pueden encontrar colocación en tierra posicionados de forma que 2/3 de la superficie útil esté hacia los animales y el restante 1/3 esté hacia la garita o el espacio bajo el cobertizo para el personal de manejo; el cercado, en el punto en el que están colocados los comederos y abrevaderos, debe ser de plancha sólida. De ese modo habremos obtenido dos resultados: los recipientes (por ejemplo de plástico) serán fácilmente desplazables para las operaciones de limpieza indicadas antes, y su posición, válida para todas las edades desde los 3/4 meses en adelante, hará posible que quien los maneja no sea visto por los animales, realizando de esa forma un abastecimiento y no un suministro de alimentos, práctica necesaria para una correcta alimentación «a voluntad» y no «a pasto».

Otra solución es colgar los recipientes, de dimensiones menores que los anteriores en la división antes indicada, a una altura del suelo idónea para los animales a los que está destinado el paddock; para facilitar las operaciones especificadas antes será bueno preparar un sistema que permita la limpieza y el relleno sin tener que entrar en el paddock, por ejemplo como se ha adoptado en América, uniéndolo a mamparas giratorias o detrás de ventanillas que se pueden abrir desde el exterior. Hay que prestar siempre atención a que los equipos no lleguen a ser un obstáculo o trampa para las patas o cabezas de los animales.

Durante la preparación de cada material o estructura destinada a albergar, o a ser usada por el avestruz, es preciso recordar siempre que éste ingiere siempre preferentemente materiales brillantes, de color claro y/o luminosos: clavos, residuos de electrodos de soldadura, llaves, ganchos de fijación de las redes y cualquier otro objeto de dimensiones que no superen los 14 cm de longitud, si son delgados, y los 10 cm si son gruesos, pueden resultar muy peligrosos si son ingeridos; en los Estados Unidos, los criadores usan para limpiar los terrenos especiales «escobas» dotadas de imanes permanentes. Otro peligro puede venir del uso y abandono en los recintos de bolsas u hojas de plástico, que el avestruz es capaz de ingerir aunque sea de dimensiones relativamente grandes.

El emplazamiento

En el ambiente general, el emplazamiento es muy importante y se debe realizar teniendo en cuenta las normas generales que regulan la instalación de una explotación, y de cómo, cuándo y cuánto puede incidir la presencia del avestruz en el medio ambiente próximo.

El comportamiento del animal que es prácticamente silencioso, y su necesidad de disfrutar de espacios vitales que determinan una diseminación natural en el terreno de los excrementos, que no son particularmente olorosos porque como consecuencia del tipo de alimentación no contienen en exceso sustancias procedentes del nitrógeno proteico (amoníaco), son factores que favorecen la instalación de una cría de avestruces «también» próxima a núcleos habitados.

Particular atención deberá prestarse a la observancia de reglas sanitarias que permitan proteger al animal contra la aparición de enfermedades, en especial aviares, difundibles y transmisibles. Una buena y por el momento única prevención —a la espera de que se deba recurrir a las vacunaciones— consiste en tener en «aislamiento» a la explotación de cría: en estos primeros años en los que ésta representa una novedad, es frecuente la solicitud de visitas por parte de personas de toda procedencia; está bien que puedan «ver» desde lejos y, si verdaderamente están interesados, se les puede permitir entrar en los recintos con las debidas precauciones, que por lo menos son: zapatos de plástico de «usar y tirar» y no dar alimento (ver la prohibición de entrada en la página 150).

Tratando este capítulo del medio ambiente, se puede y se debe comprender que la cría del avestruz es «por necesidad» una cría ligada estrechamente a la agricultura; es una cría «con tierra» y aunque de grandes dimensiones numéricas no puede convertirse jamás en una cría intensiva, con todos los problemas que se suelen presentar o que se derivan de este moderno planteamiento de la zootecnia.

La dirección

Es un tema muy amplio: comprende la programación, la gestión (management) y el trabajo práctico. Todo esto debe implicar a los mismos animales: estos deben participar, porque si quien los dirige se olvida de su *mentalidad* y de sus *costumbres*, en otras palabras, de cuanto se ha indicado sobre su *comportamiento*, se puede falsear toda acción y los fines de la cría misma. Los resultados serán directamente proporcionales a la dirección realizada. Cada actividad zootécnica tiene su ciclo más o menos largo, al final del cual se recogen los beneficios: el ciclo de la cría de los avestruces es largo y, por tanto, es todavía más importante que la dirección sea precisa y no empírica.

La programación

Un estudio de la programación hecho con cuidado en la fase preliminar, que comprenda las inversiones tanto en terrenos, equipo y animales, como en mano de obra idónea para trabajar, facilita la dirección. La característica de cría extensiva hace que la cría del avestruz se sitúe entre las denominadas con tierra. Esta característica permanece, tanto si se trata de una cría de carácter *familiar*, como si se extiende la actividad a nivel *industrial*. En efecto, también en este caso sigue siendo una actividad agropecuaria y entra dentro de los esquemas de la economía agraria.

La programación no puede prescindir de la creación de un registro «manual» o «electrónico» que permita conocer en cualquier momento tanto la marcha técnica de toda la explotación como de cada animal: la codificación de las cabezas (del método para la recogida de las fichas de los nacidos hablaremos en el capítulo sobre el destete) debe considerar en primer lugar a todos los reproductores para crear la base de datos de origen para los nacidos. El registro general proporcionará cualquier dato que permita establecer aquellos valores que sirvan para cuantificar los sujetos producidos en la granja. Un ejemplo de ficha aparece en la figura siguiente:

FICHA DE REPRODUCTORES MACHO AÑO											
Código n.º	Apareado n.º	PRODUCCION DE HUEVOS FECUNDOS									
		mes	mes	mes	mes	mes	mes	mes	mes	mes	mes ......

FICHA DE REPRODUCTORES HEMBRA AÑO											
Código n.º	Apareada n.º	PUESTA									
		mes	mes	mes	mes	mes	mes	mes	mes	mes	mes ......

El programa debe comenzar siempre con una estimación de idoneidad del «terreno»: éste es el tema de las primeras preguntas u observaciones del aspirante a criador.

Para una cría tradicional, el terreno representa sólo el suelo en el que se edificarán los cobertizos de los animales (bovinos) y por ello sus características no influyen en los fines de la vida de los animales. Para el avestruz, el terreno es todo el medio ambiente de su vida. El terreno elegido sigue siendo «agrícola», ya que las estructuras que se van a crear no alterarán más que en una mínima parte el aspecto y la esencia.

Las estructuras fijas —cobertizos— y los equipos son proporcionales al número de cabezas, pero inciden escasamente en el total de las obras necesarias. La programación del terreno y de todas las estructuras fijas se deberá hacer «inmediatamente» en la fase inicial, porque dejar para mañana el estudio, el cálculo económico y la realización de una parte de éstas puede perjudicar a la dirección futura de la cría, sobre todo si es de ciclo completo.

El nudo del problema sigue siendo la adquisición del «material avestruz» para «activar» el programa. Tanto desde el punto de vista técnico como económico, la localización de éste tiene lugar en un mercado que siempre estará influenciado por las evoluciones internacionales.

Hablo de «material avestruz» entendiendo por él: el huevo de incubación o el sujeto vivo en las diferentes edades.

A los fines de la dirección, será mejor examinar la propia preparación para la cría que el coste de adquisición: aunque la propia disponibilidad financiera

Tabla 1. Hipótesis de desarrollo de cría con: 2 familias y/MACHO + 1 HEMBRA

PARAMETROS VARIABLES		
Huevos puestos por hembra y año	n.	75,0
Huevos fecundos	%	90,0
Huevos eclosionados	%	80,0
Mortalidad dentro de los 15 días de nacimiento	%	25,0
de 15 a 90 días de vida	%	25,0
de 90 a 180 días de vida	%	5,0
de 180 a 305 días de vida	%	2,0

PRODUCCION ESTIMADA	AÑO	MES	SEMANA
Huevos puestos	150,0	18,8	4,7
Polluelos nacidos	108,0	13,5	3,4
destetados de 15 días	81,0	10,1	2,5
vivos de 3 meses	60,8	7,6	1,9
vivos de 6 meses	57,7	7,2	1,8
vivos de 10 meses	56,6	7,1	1,8

CUADRO DE LAS PRESENCIAS PREVISTAS MES A MES

MESES	HUEVOS DE INCUBACION PUESTOS	POLLUELOS					TOTAL CABEZAS PRESENTES
		De 1 día	De 15 días	De 3 meses	De 6 meses	De 10 meses	
Primer año							
1.°	18,8	0,0	0,0	0,0	0,0	0,0	0,0
2.°	18,8	6,8	3,4	0,0	0,0	0,0	10,1
3.°	18,8	13,5	10,1	0,0	0,0	0,0	23,6
4.°	18,8	13,5	10,1	0,0	0,0	0,0	23,6
5.°	18,8	13,5	10,1	3,8	0,0	0,0	27,4
6.°	18,8	13,5	10,1	7,6	0,0	0,0	31,2
7.°	18,8	13,5	10,1	7,6	0,0	0,0	31,2
8.°	18,8	13,5	10,1	7,6	3,6	0,0	34,8
9.°	0,0	13,5	10,1	7,6	7,2	0,0	38,4
10.°	0,0	6,8	3,4	7,6	7,2	0,0	24,9
11.°	0,0	0,0	0,0	7,6	7,2	0,0	14,8
12.°	0,0	0,0	0,0	7,6	7,2	3,5	18,3
Segundo año							
1.°	18,8	0,0	0,0	3,8	7,2	7,1	18,1
2.°	18,8	6,8	0,0	0,0	7,2	7,1	21,0
3.°	18,8	13,5	10,1	0,0	7,2	7,1	37,9
4.°	18,8	13,5	10,1	0,0	3,6	7,1	38,1
5.°	18,8	13,5	10,1	3,8	0,0	7,1	34,5
6.°	18,8	13,5	10,1	7,6	0,0	7,1	38,3
7.°	18,8	13,5	10,1	7,6	0,0	7,1	38,3
8.°	18,8	13,5	10,1	7,6	0,0	3,5	34,8
9.°	0,0	13,5	10,1	7,6	3,6	0,0	34,8
10.°	0,0	6,8	10,1	7,6	7,2	0,0	31,7
11.°	0,0	0,0	0,0	7,6	7,2	0,0	14,8
12.°	0,0	0,0	0,0	7,6	7,2	0,0	14,8

Tabla 2. Hipótesis de cría con: 1 familias y/MACHO + 2 HEMBRAS

PARAMETROS VARIABLES		
Huevos puestos por hembra y año	n.	75,0
Huevos fecundos	%	80,0
Huevos eclosionados	%	80,0
Mortalidad dentro de los 15 días de nacimiento	%	25,0
de 15 a 90 días de vida	%	25,0
de 90 a 180 días de vida	%	5,0
de 180 a 305 días de vida	%	2,0

PRODUCCION ESTIMADA	AÑO	MES	SEMANA
Huevos puestos	150,0	18,8	4,7
Polluelos nacidos	96,0	12,0	3,0
destetados de 15 días	72,0	9,0	2,3
vivos de 3 meses	54,0	6,8	1,7
vivos de 6 meses	51,3	6,4	1,6
vivos de 10 meses	50,3	6,3	1,6

CUADRO DE LAS PRESENCIAS PREVISTAS MES A MES

MESES	HUEVOS DE INCUBACION PUESTOS	POLLUELOS De 1 día	De 15 días	De 3 meses	De 6 meses	De 10 meses	TOTAL CABEZAS PRESENTES
Primer año							
1.°	18,8	0,0	0,0	0,0	0,0	0,0	0,0
2.°	18,8	6,0	3,0	0,0	0,0	0,0	9,0
3.°	18,8	12,0	9,0	0,0	0,0	0,0	21,0
4.°	18,8	12,0	9,0	0,0	0,0	0,0	21,0
5.°	18,8	12,0	9,0	3,4	0,0	0,0	24,4
6.°	18,8	12,0	9,0	6,8	0,0	0,0	27,8
7.°	18,8	12,0	9,0	6,8	0,0	0,0	27,8
8.°	18,8	12,0	9,0	6,8	3,2	0,0	31,0
9.°	0,0	12,0	9,0	6,8	6,4	0,0	34,2
10.°	0,0	6,0	3,0	6,8	6,4	0,0	22,2
11.°	0,0	0,0	0,0	6,8	6,4	0,0	13,2
12.°	0,0	0,0	0,0	6,8	6,4	3,1	16,3
Segundo año							
1.°	18,8	0,0	0,0	3,4	6,4	6,3	16,1
2.°	18,8	6,0	0,0	0,0	6,4	6,3	18,7
3.°	18,8	12,0	9,0	0,0	6,4	6,3	33,7
4.°	18,8	12,0	9,0	0,0	3,2	6,3	33,9
5.°	18,8	12,0	9,0	3,4	0,0	6,3	30,7
6.°	18,8	12,0	9,0	6,8	0,0	6,3	34,0
7.°	18,8	12,0	9,0	6,8	0,0	6,3	34,0
8.°	18,8	12,0	9,0	6,8	0,0	3,1	30,9
9.°	0,0	12,0	9,0	6,8	3,2	0,0	31,0
10.°	0,0	6,0	9,0	6,8	6,4	0,0	28,2
11.°	0,0	0,0	0,0	6,8	6,4	0,0	13,2
12.°	0,0	0,0	0,0	6,8	6,4	0,0	13,2

Tabla 3. Hipótesis de desarrollo de cría con: 2 familias y/MACHO + 1 HEMBRA

PARAMETROS VARIABLES		
Huevos puestos por hembra y año	n.	90,0
Huevos fecundos	%	95,5
Huevos eclosionados	%	90,0
Mortalidad dentro de los 15 días de nacimiento	%	10,0
de 15 a 90 días de vida	%	10,0
de 90 a 180 días de vida	%	3,0
de 180 a 305 días de vida	%	1,0

PRODUCCION ESTIMADA	AÑO	MES	SEMANA
Huevos puestos	180,0	22,5	5,6
Polluelos nacidos	153,9	19,2	4,8
destetados de 15 días	138,5	17,3	4,3
vivos de 3 meses	124,7	15,6	3,9
vivos de 6 meses	120,9	15,1	3,8
vivos de 10 meses	119,7	15,0	3,7

CUADRO DE LAS PRESENCIAS PREVISTAS MES A MES

MESES	HUEVOS DE INCUBACION PUESTOS	POLLUELOS					TOTAL CABEZAS PRESENTES
		De 1 día	De 15 días	De 3 meses	De 6 meses	De 10 meses	
Primer año							
1.º	22,5	0,0	0,0	0,0	0,0	0,0	0,0
2.º	22,5	9,6	4,8	0,0	0,0	0,0	14,4
3.º	22,5	19,2	17,3	0,0	0,0	0,0	36,6
4.º	22,5	19,2	17,3	0,0	0,0	0,0	36,6
5.º	22,5	19,2	17,3	7,8	0,0	0,0	44,3
6.º	22,5	19,2	17,3	15,6	0,0	0,0	52,1
7.º	22,5	19,2	17,3	15,6	0,0	0,0	52,1
8.º	22,5	19,2	17,3	15,6	7,6	0,0	59,7
9.º	0,0	19,2	17,3	15,6	15,1	0,0	67,2
10.º	0,0	9,6	4,8	15,6	15,1	0,0	45,1
11.º	0,0	0,0	0,0	15,6	15,1	0,0	30,7
12.º	0,0	0,0	0,0	15,6	15,1	7,5	38,2
Segundo año							
1.º	22,5	0,0	0,0	7,8	15,1	15,0	37,9
2.º	22,5	9,6	0,0	0,0	15,1	15,0	39,7
3.º	22,5	19,2	17,3	0,0	15,1	15,0	66,6
4.º	22,5	19,2	17,3	0,0	7,6	15,0	66,9
5.º	22,5	19,2	17,3	7,8	0,0	15,0	59,3
6.º	22,5	19,2	17,3	15,6	0,0	15,0	67,1
7.º	22,5	19,2	17,3	15,6	0,0	15,0	67,1
8.º	22,5	19,2	17,3	15,6	0,0	7,5	59,6
9.º	0,0	19,2	17,3	15,6	7,6	0,0	59,7
10.º	0,0	9,6	17,3	15,6	15,1	0,0	57,6
11.º	0,0	0,0	0,0	15,6	15,1	0,0	30,7
12.º	0,0	0,0	0,0	15,6	15,1	0,0	30,7

permita comenzar con animales adultos ya dispuestos a poner huevos, quizá podría resultar conveniente adquirir sujetos jóvenes, incluso para entrenarse a criarlos, o directamente huevos de incubación para entrenarse a incubarlos; es verdad que se aleja el comienzo de la rentabilidad, pero se reducen las pérdidas por inexperiencia (ver algunas indicaciones en el capítulo sobre el ciclo biológico).

Para tener una idea más clara del desarrollo que podrá tener un determinado programa y estudiar sus posibles resultados, puede ser útil consultar la serie de tablas de las páginas siguientes. Estas, partiendo de precisos supuestos e hipótesis de evolución a lo largo del tiempo (variantes) pesimistas u optimistas, muestran las cifras (número de animales por edad y año) que formarán el patrimonio fuente de ingresos de los años futuros.

Las tablas 1 y 2, diferentes en cuanto al número de animales que forman la cría, y por consiguiente con diferente previsión del índice de rentabilidad (la fertilidad), gravadas por una previsión de mortalidad fácil en una explotación en sus comienzos, muestran el diferente número de cabezas obtenibles en presencia de dos hembras de avestruz en producción. La tabla 3, que repite la composición del 1, es considerado con previsiones más optimistas y más próximas a una evolución ya consolidada por la práctica (ver la continuación de las tablas en el capítulo sobre los «productos derivados»).

La gestión

Dados los tiempos largos de esta cría, pueden parecer muy elevados los gastos corrientes (personal y agua, energía eléctrica, piensos) sólo porque no se cubren en breve tiempo con las entradas de las ventas. La gestión de estos gastos debe ser cuidadosa para intentar no penalizar con falsos ahorros aquellos gastos que, aparentemente de poca importancia, al final resultarán casi los más productivos: piensos (forraje, conchas de ostra, pienso propiamente dicho, eventual integración oligomineral) de mediana calidad porque son de poco coste, o bien menor tiempo dedicado a la dirección (provisión de alimentos, cambio del agua y limpieza de los abrevaderos), con el consiguiente menor cuidado en el trabajo, son ejemplos de cómo se puede gestionar mal una explotación: el avestruz es ya de por sí parsimonioso al comer y cuando tiene necesidad de cuidados, pero no hay que aprovecharse de esto porque los daños serán muy superiores a los ahorros.

El trabajo práctico

Nunca como con el avestruz adquirir un buen conocimiento y una intensa confianza (feeling) con el animal es determinante para hacer que el trabajo, propio o del personal, sea rápido, fácil y productivo. Nada se debe pasar por alto: equipos sencillos e idóneos con cercados provistos de vallas y caminos de servicio numerosos y bien dispuestos favorecen el trabajo y el respeto de los tiempos y modos. Por ejemplo: una dificultad en la entrada o en la salida rápida de un recinto, donde la hembra ha puesto el huevo, puede retrasar la recogida del huevo mismo y perjudicar las modalidades de una correcta recogida, con los daños que esto acarrea.

Pienso que se puede decir, reuniendo algunas observaciones hechas en varios puntos de este libro, que el avestruz es un animal que muestra con mucha transparencia su disponibilidad a «colaborar» con el hombre: por tanto, es obvia la consideración de que la dirección de una cría de avestruces no puede prescindir en absoluto de utilizar al animal mismo para obtener el máximo de los resultados deseables. Además de todo esto, es un animal que puede hacerse muy simpático.

No obstante, es conveniente que la dirección se realice con algunas precauciones que quien trabaja cerca del avestruz debe tomar para trabajar fácilmente y sin peligros. El avestruz es tan peligroso como otros animales, y como en muchas especies animales, si no en todas, puede ser más peligroso el macho que la hembra. Pueden actuar, pero sobre todo reaccionar, repentinamente contra el hombre que haya hecho un impulso o un movimiento que sea interpretado por el animal como una señal de peligro. Por tanto, la primera precaución consiste en moverse con calma, sin agitarse con el vano intento de huir de prisa de él, y no mover tal vez las manos de una forma descompuesta. Todo esto puede parecer que causa una pérdida de tiempo, y si quien cuida de los animales está demasiado preocupado por el respeto de los tiempos nunca será un buen operario en este sector.

Es conveniente que el hombre que entra solo en un recinto lleve en una mano un palo de madera de 2,5/2,8 metros de largo que tenga en la punta un penacho de cintas (de material resistente y no arrancable) de colores vivos: no es el palo utilizado como si fuera un bastón, sino el penacho, que sirve para despertar la curiosidad y atención del avestruz, lo que es suficiente para poder trabajar con tranquilidad. En cualquier caso, si los animales están agitados o llegan a estarlo, es bueno abandonar el recinto rápidamente y volver más adelante. Para ello resultará útil tener equipados los recintos con puertas que se puedan abrir y cerrar fácilmente, y haber dejado un espacio debajo del cercado con una altura de 40 cm: esto podrá servir para abandonar el recinto en cualquier punto de su perímetro echándose a tierra y pasando por debajo de la valla. A grandes males, grandes remedios. Si el operario está en el recinto con una cierta ayuda, cualquier acción es más tranquila, pero las precauciones son también útiles.

No es inútil repetir que la mejor precaución viene de una óptima relación establecida con los animales. Quien decida poner en marcha una cría de avestruces comenzando con animales jóvenes tiene la mejor oportunidad de crear el correcto ambiente para la futura actividad.

El transporte

El *transporte* del o de los animales es una operación para la que hay que estar preparados. En el interior de la explotación, los diversos desplazamientos necesarios deben ser fáciles para poder hacerlos de una manera natural: las vallas de los recintos y los pasillos entre los recintos, convenientemente dispuestos, quizá con la ayuda de barreras provisionales, crearán el camino que los avestruces deberán recorrer por sí solos, atraídos por un penacho de hierba (que se debe ocultar con astucia en las horas anteriores); toda acción coercitiva puede provocar efectos contrarios o escapadas repentinas con el consiguiente perjuicio para los animales, además de espantar a los demás animales presentes en la explotación pero no interesados en la operación en curso.

Para el desplazamiento a otra explotación es válido todo lo anterior, añadiendo la necesidad de llevar los animales uno a uno al medio de transporte: si se adopta el método en uso para transportes por vía aérea, es decir por medio de jaulas, la carga y la descarga se simplifican porque se pueden realizar directamente desde la entrada del paddock a las jaulas mismas colocadas en tierra; las jaulas deberán ser de dimensiones idóneas para la carga en camión, con tres cuartas partes de la pared de material sólido y la cuarta parte restante de

Van para el transporte (3 sujetos adultos).

red, así como también el techo, cuya altura desde el fondo de la jaula es conveniente que sea de 1,8 metros para los sujetos jóvenes y de 2,2 metros para los adultos: estas medidas voluntariamente más bajas que la altura de los animales permiten un transporte de animales más estables y evita que se pongan inquietos.

Si se quiere transportar los animales sin dichas jaulas, el método mejor es la utilización de los Van para el transporte de caballos: la primera ventaja es la apertura con piso muy próximo a la tierra y además equipada con rampa. El avestruz, conducido con amabilidad hacia la embocadura del Van, es cogido con la mano derecha por el pico —apretando el pulgar por el pico mismo— y de esta forma llevado hacia el interior del Van, mientras que otro operario lo empuja por la cola; la costumbre de tratar a los animales y la agilidad serán de gran ayuda para conducir a los animales, como nos enseñaron los romanos en el fresco de Sicilia.

La alimentación

Una comparación clásica dice que una persona **come como un avestruz** cuando come de todo y en abundancia. En efecto, el avestruz come de todo, pero añadiremos que **debe comer de todo**. A todas las edades, en la naturaleza y en la cría extensiva, al avestruz se le produce gran daño si no puede ingerir un poco de todo lo que quiere o se siente atraído a ingerir. Y si no encuentra otra cosa y es atraído hacia algo demasiado basto para su edad y logra ingerirlo, las consecuencias pueden ser graves.

Las investigaciones, estudios y experimentaciones sobre la alimentación del avestruz realizadas hasta ahora, en todas las partes del mundo, por parte de quien se ocupa de este animal, no se han alejado mucho de la simple racionalización de lo que se ha comprendido que ocurre en la naturaleza. Para hacer una analogía, podemos decir que nos hemos quedado en los primeros estudios, como cuando comenzó la que ha sido la evolución de la alimentación de otro animal «salvaje» también ave, el faisán; entonces se intentaron comprender las necesidades examinando el contenido del tubo digestivo. Para el faisán se formulan ahora piensos completos que cubren sin duda las necesidades del animal. Mientras que para el avestruz estamos aún en la búsqueda de la identificación precisa de lo que ingiere realmente, todavía no se ha llegado a definir el valor de sus necesidades nutritivas ni la cuantía de la ración. Se ha hecho cierta comparación con el pavo, sobre todo en su primerísima edad, y se han hecho pruebas de campo sobre el crecimiento y la conversión pienso/incremento de peso, según el modelo de las ya clásicas para los broilers. Pero nada en absoluto se ha hecho en la práctica hasta ahora, porque frente a los resultados no muy diferentes de los de los controles, los riesgos sanitarios han sido considerables; no se debe excluir, y lo debemos presagiar, que ya en un próximo futuro se pueda llegar a métodos más precisos que los actuales, al menos para las necesidades. En cuanto al aspecto de la alimentación que comprende el método de suministro, se ha constatado ya que el camino obligado es seguir las costumbres naturales del animal.

Hay que hacer otra consideración general: el avestruz, en las condiciones más avanzadas de cría «intensiva», sigue siendo un animal al que no se le pue-

Cuadro 4. Lista de las necesidades nutritivas por cabeza/día

		Reproductores en actividad	Polluelos			Pollos mantenimiento
			0-8 semanas	2-3 meses	3-6 meses	
Proteína	g	500/600	20/60	80/200	220/440	250
Fibra	g	650/700	25/80	90/350	400/500	500
E.M.	Mj	16/18	1/5	12	16/18	12/14
Calcio	g	70/120	3/6	8/18	20/30	30
Fósforo asim.	g	14/20	1/3	4/8	10/15	12
Magnesio	mg	400	70	150	250	350
Lisina	mg	9000	1400	4000	7000	6000
Metionina	mg	5400	580	1800	3500	3000
Triptófano	mg	2000	500	1400	1600	1800
Hierro	mg	60	10	30	40	50
Zinc	mg	150	20	60	100	150
Magnaneso	mg	220	40	160	180	220
Cobre	mg	4	1	2	3	4
Fibra estruct.	%	50	15	30	40	50

de llamar «productor» de algo, alimento u otra cosa, para el hombre. El avestruz, al vivir en las condiciones más adecuadas para él, desarrolla su propio cuerpo y cuando llega al peso y forma típicas de su especie puede ser utilizado para obtener aquellos productos que el hombre considera que le son útiles. Para comprenderlo mejor, si lo comparamos con un ave entre los animales domésticos que proporcionan al hombre mucha carne, el pavo, observamos que existe una gran diferencia entre los dos: la porción mayor de toda la masa muscular del pavo es la formada por los músculos pectorales y dorsales, y su desarrollo está determinado en rapidez y cantidad por técnicas apropiadas por encima de sus necesidades físicas. En el avestruz podemos tener en consideración sólo la musculatura que le proporciona el movimiento, la de los miembros inferiores que se desarrolla en su máximo valor de manera natural. Estas partes del cuerpo constituyen en el pavo solamente el 14%, y en el avestruz el 23% del peso vivo final ¿Por qué esta diferencia? Porque estas masas musculares se desarrollan sólo para y a causa de la «función» y no se ven influenciadas, a no ser marginalmente, por alimentaciones predispuestas ad hoc. En el pavo obligado a escaso movimiento, el programa nutritivo es útil porque favorece otras masas musculares que no se podrían desarrollar por el ejercicio físico, siendo éstas asignadas al movimiento alar que en la práctica no existe. Por tanto, no tanto una alimentación enriquecida podrá dar mayores masas musculares en el avestruz como una cuidadosa investigación genética realizada por programas

LA ALIMENTACION

de cruzamientos bien calculados. Habrá pues campo para, con una alimentación sana, intentar conservar al avestruz en sus condiciones físicas más naturales.

Para comprender el por qué de un cierto planteamiento nutricional que, como se ha dicho antes, comprende el *alimento y su puesta a disposición*, será conveniente realizar un hipotético recorrido *de las condiciones naturales de una cría en espacios restringidos*.

En condiciones naturales con amplios territorios, el avestruz tiene (ventaja) la posibilidad de correr y de buscar todo tipo de materia que le sirva y, por tanto, con el ejercicio físico facilita las funciones corporales y un correcto desarrollo. Al mismo tiempo se enfrenta (inconveniente) a posibles y graves deficiencias nutritivas, porque puede no encontrar todo lo que le es necesario, con las consiguientes perturbaciones de desarrollo y de reproducción, incluida la mortalidad sobre todo del embrión y del polluelo.

En los espacios restringidos, como pueden ser los creados expresamente para una explotación de cría, es necesario conservar las condiciones que determinan las ventajas y eliminar las que provocan los inconvenientes, es decir los daños y las pérdidas. Será preciso actuar sobre el medio ambiente, sobre el método de dirección y sobre la alimentación. De los dos primeros temas ya hemos hablado en los correspondientes capítulos. Continuando aquí el razonamiento sobre la alimentación, recordemos cuanto se ha dicho antes, o sea que no se conocen las necesidades alimentarias exactas, pero la observación ha permitido aclarar al menos las grandes líneas, es decir las fundamentales, de la composi-

Cuadro 5. Composición de la ración en porcentaje

	Reproductores en actividad		Polluelos 0-8 semanas		Polluelos 2-3 meses		Polluelos 3-6 meses		Pollos mantenimiento	
A disposición diaria					% sobre el total					
Alfalfa verde	—	—	75	75	20 — 40	—	45 — 60	—	70 —	75 — 75
Alfalfa heno	50	50	—	—	12 — 25	—	20 — 35	—	40 50	50 —
Pienso total	50	—	25	—	80 88 60	75	45 70 40	65	— 50	25 —
parcial	—	27	—	13	—	—	—	—	15 40	— 35 15
Maíz grano	—	23	—	12	— — —	10	10 — —	15	20 —	15 10
A disposición continua					granulometría en mm					
Concha ostra y/o piedra caliza	3/4		1/2 fina		2/3 media		3/4		3/4	
Arena mezclada Grava	7/10		—		—		7/10		7/10	

Cuadro 6. Componentes de la ración (valores medios)

	Proteína bruta g/kg	Fibra		Energía metabol. Mj/kg	Ca %	P asimilable
		Bruta g/kg	Estruct. %			
Alfalfa verde	44	70	90	2,3	0,40	0,05
Alfalfa henaje solar	160	280	90	7,5	1,50	0,15
Pienso total 1.º	180	80	0	11,0	1,90	0,45
Pienso total 2.º	200	90	0	10,0	2,80	0,70
Pienso total rep.	180	100	0	9,0	3,80	0,50
Pienso parcial 2.º	220	100	0	7,5	3,50	0,60
Pienso parcial rep.	220	120	0	8,0	4,80	0,70
Maíz grano	85	24	8	14,4	0,02	0,22

Notas:
Pienso total es "Pienso complementario" + forraje;
Pienso parcial es "Pienso complementario" + maíz + forraje;
Pienso 1.º = de 4/5 días de vida a 8 semanas;
Pienso 2.º = para desarrollo, crecimiento, mantenimiento y reposo;
Pienso rep. = durante el período reproductivo.

ción del alimento que ingiere el avestruz. Las diferencias básicas en las diversas edades se mostrarán mínimas; como en todos los animales, también en el avestruz habrá que estudiar de modo particular la alimentación para los sujetos muy jóvenes y para los reproductores: son los momentos más delicados y en los que un error se paga caro.

Siguiendo el camino del estudio de la naturaleza, veamos cómo está compuesta la ración que cada día trata de ingerir el avestruz naturalmente. Como media, el avestruz ingiere vegetales verdes o secos en más del 60% (alfalfa, hortalizas de hoja estrecha), en otro 15% frutas y legumbres (zanahoria, bananas, peras y manzanas), carnes y proteínas animales en un 4/5% (huevos, insectos, pequeños mamíferos), cereales 10/15%, muchas sales minerales y piedras diversas.

El avestruz, en el período de la germinación primaveral de los vegetales, ingiere toda clase de brotes, porque siendo poco resistentes al tirón los puede romper e ingerir fácilmente. Desprecia muchas plantas de hoja ancha, aunque éstas fueran las únicas fuentes de alimentación sobre el terreno.

Los ALIMENTOS que se pueden utilizar son la mayor parte de los normalmente utilizados en nuestras crías: hemos visto que la ración natural comprende un gran porcentaje de forraje verde o seco; dos son las características principales que se deben investigar en este caso: la fibra y las proteínas. Esto quiere decir que el ideal es una buena alfalfa cortada y puesta a disposición verde o henificada con todos sus valores equilibrados: hay que evitar mucha hoja y poca fibra. Como alternativa a la alfalfa es también útil utilizar una hierba de buena calidad, a la que corregiremos su eventual menor valor en proteínas con un pienso adecuado.

Para el aporte proteico se deberá recurrir, al menos para la mitad de los valores, a proteínas animales, y para el resto obviamente a proteínas vegetales de toda procedencia.

Son utilizables todos los cereales, maíz, cebada, avena y centeno. De los cereales se pueden utilizar también los subproductos (salvados), con las oportunas reservas en cuanto a la cantidad.

Quedan para completar la ración las sales minerales, los oligoelementos y las vitaminas. Hoy en día, sobre la base de una consolidada experiencia sobre todo extranjera, se consideran indispensables los aminoácidos, enzimas y probióticos para garantizar una funcionalidad digestiva óptima.

Algunas materias primas vegetales se deben usar con atención, porque pueden provocar situaciones digestivas no deseadas; los higos chumbos, la remolacha y todas las raíces pueden causar diarrea. La melaza de remolacha, los higos chumbos y las cebollas pueden tener efectos laxantes. Una lista de los elementos que deben ser ingeridos no puede prescindir, aunque no sean alimentos, de incluir la piedra insoluble (gravas, arena). Las piedras solubles, piedra caliza y conchas de ostra pueden tener también una función mecánica en la digestión, pero la primaria es la provisión de calcio al organismo.

Las *necesidades diarias* en general imitan las necesidades que normalmente se presentan en la alimentación de los animales, que sirven sobre todo para minimizar la problemática ligada a carencias o excesos nutritivos. Hemos dicho que prácticamente todavía no se ha redactado una «lista» de las necesidades diarias del avestruz; en la bibliografía se habla ampliamente de los valores nutritivos de un alimento para avestruces, a veces omitiendo la indicación del valor Energía Metabolizable, pero sin indicar la cuota diaria por cabeza, eliminando así la posibilidad de estudiar si y cómo se satisfacen las necesidades.

Como en los bovinos, éstas deberán ser satisfechas por la ración en su globalidad, aunque los componentes deban ser puestos a disposición separadamente; como en las aves, por el contrario, deberán ser proporcionados teniendo en cuenta que el avestruz equilibra la cantidad ingerida sobre la base de la necesidad de energía: si la energía de la ración está en exceso, se corre el riesgo de que el animal reduzca la cantidad global ingerida, primer factor negativo, y por tanto mantenga cubiertas las necesidades de energía y no las de otros valores esenciales.

De la práctica disposición de raciones diarias para las diversas edades y períodos, fruto de la experiencia nutricional y de la consulta de la todavía escasa bibliografía, se puede obtener un cuadro de las necesidades más significativas «cabeza/día».

Para las *proteínas*, todavía muy controvertidas, varían entre los 15 y los 500 gramos cabeza/día. Es muy importante el valor biológico de las proteínas mismas, que se pone de manifiesto por el contenido en aminoácidos esenciales; algunas experiencias han demostrado que con una ración de bajo nivel de

Cuadro 7. Integración de la ración cabeza/día

		Reproductores en actividad	Polluelos			Pollos mantenimiento
			0-8 semanas	2-3 meses	3-6 meses	
Vitamina A	U.I.	18000	7500	8000	10000	12000
Vitamina D_3	U.I.	3500	1000	1500	2000	2000
Vitamina E	mg	50	30	40	50	50
Vitamina K	mg	4	1	2	3	3
Vitamina B_1	mg	6	2	2	2	3
Vitamina B_2	mg	18	6	8	8	12
Vitamina B_{12}	mg	0,04	0,02	0,02	0,02	0,03
Vitamina	mg	260	100	150	200	260
Niacina	mg	80	50	50	60	80
Acido pantoténico	mg	20	5	6	8	12
Acido fólico	mg	6	2	2	2	3
Biotina	mg	350	100	150	150	150
Colina	mg	800	800	500	500	500
Lisina	mg	9000	1400	4000	7000	6000
Metionina	mg	5400	580	1800	3500	3000
Triptófano	mg	2000	500	1400	1600	1800
Arginina	mg	8500	2500	2800	4000	5000
Glicina	mg	9500	3000	3500	5000	7000
Cistina	mg	2000	800	1000	1200	1800
Hierro	mg	60	10	30	40	50
Zinc	mg	150	20	60	100	150
Manganeso	mg	220	40	160	180	220
Cobre	mg	4	1	2	3	4
Selenio	mg	0,3	0,1	0,1	0,2	0,3
Iodo	mg	1,5	0,4	0,6	0,6	0,8
Cobalto	mg	0,5	0,1	0,2	0,2	0,3
Magnesio	mg	400	70	150	250	350

proteínas, pero de óptimo valor biológico, se han tenido mejores respuestas que al contrario: en el extranjero existe la tendencia de integrar la ración con aminoácidos esenciales protegidos para garantizar su aporte.

Hemos aludido ya a la *energía* como factor que condiciona la nutrición; su necesidad expresada en Energía Metabolizable varía según el período vital y durante el mismo período en relación con la temperatura ambiente. Para los polluelos que pasan la mayor parte del tiempo en locales cerrados, admitiendo que se mantenga constante la temperatura del local, las necesidades de E. M.

están cubiertas por un pienso cualquiera que tenga un valor de 2.700 kcal/kg. Cuando se encuentran prácticamente al aire libre, el alimento total debe aportar de 1.000 a 3.500 kcal cabeza/día; si está prevista una distribución de la ración de forma dividida en tres contenedores de a) pienso (complementario concentrado), b) maíz en grano y c) alfalfa o heno de alfalfa, el animal se autorregulará, con tal de que no le falte uno de los tres componentes. Otra necesidad importante a satisfacer es la relativa a la fibra, que deberá ser estructurada, es decir deberá conservar una relativa longitud: su cantidad deberá ser parecida a la de las proteínas.

La necesidad de *sales minerales* es difícilmente suministrable totalmente en una ración programada, pero dado que su carencia puede influir negativamente en dos de las fases importantes de la vida del avestruz (el desarrollo y la puesta), es necesario estar seguro de que el animal recibe una cuota en la ración y de que puede encontrar otra cuota dispersa en el ambiente en que vive. Recordemos que durante la puesta la necesidad de calcio aumenta, y varía en relación con el grado de humedad del aire y del momento fisiológico que puede variar el coeficiente de digestibilidad. Las necesidades de *vitaminas* y *oligoelementos* son muy próximas a las de otras aves, pero hay que tener presente que además de ser soporte y protección de funciones vitales, deberán servir de ayuda a dos partes específicas del avestruz, a saber, la piel y las plumas. La vitamina A, ya presente de manera natural en los componentes de la ración, deberá ser adicionada como tal o como betacaroteno junto a biotina, ácido pantoténico y niacina para evitar lesiones de la piel.

Entre los oligoelementos, son importantes el zinc, hierro y silicio para fortificar las plumas necesarias, no sólo en sí mismas, sino también para garantizar la cobertura del cuerpo.

Habrá que considerar con atención el aporte de la vitaminas K y B_{12} a la ración para los reproductores, ya que son muy importantes para garantizar la vitalidad del embrión.

Normalmente, cuando se habla de alimentación de un animal, nos referimos al agua de beber como un hecho obvio y evidente. Sin embargo es muy importante prestarle siempre atención. En el caso del avestruz, el agua no es necesaria solamente como aporte hídrico, sino que entra como componente activador del proceso digestivo, como en todos los animales que tienen una nutrición que prevé la utilización de un alto porcentaje de materias fibrosas. El agua es un alimento importante, y de la cantidad que puede ser fácilmente ingerida depende también la función renal: una escasa bebida provoca una emisión de orina ácida con posibilidad de inflamación de las vías urinarias (orina blanquecina) y de resentimientos en los órganos de la reproducción. Se dice que la denominación «Camelus» ha sido atribuida al avestruz porque los primeros observadores habían notado que el animal, como el camello, podía permanecer también muchas horas sin beber; en efecto, se ha podido comprobar que en Italia, en el período invernal con temperaturas nocturnas muy bajas, que causan la formación de hielo en los abrevaderos, los avestruces, a pesar de la imposibilidad material de beber durante muchas horas, no habían experimentado ningún daño. Esto es verdad, pero de todas formas el agua no debe faltar, para que las funciones del organismo no sufran ralentizaciones: puede que no baste estar seguro de que el agua existe físicamente, es necesario cerciorarse de que el animal pueda «ir a beber» cómodamente.

Para el cálculo de la ración se deben hacer dos diferentes razonamientos: los contenidos deben ser mucho más idóneos para la formación y conservación del esqueleto (desarrollo del polluelo), la formación y composición de la cáscara del huevo y la correcta actividad sexual, que para el desarrollo de la musculatura y para la actividad metabólica. El segundo razonamiento se referirá a la ración en su conjunto: sus componentes pueden ser preparados y puestos a disposición separadamente, divididos en grupos o reunidos en un único pienso.

En cualquier forma que se quiera trabajar, es necesario seguir un programa alimentario específico para el avestruz y no intentar repetir los normalmente conocidos para la nutrición de los tradicionales animales de cría.

En las doce horas de vida diurna, el avestruz dedica aproximadamente el 20% del tiempo al reposo, permaneciendo acostado, y el 80% restante a buscar algo que comer. De una cierta investigación resulta lo siguiente:

Cada día, para ingerir materias sólidas, efectúa unas 5.000 picotadas durante un tiempo total de 98 minutos (1 h, 38'), y para ingerir agua unas 300 picotadas durante un total de 6 minutos. Si a estos tiempos se añaden los tiempos que como media transcurren entre una y otra picotada, incluidos desplazamientos sobre el terreno, el avestruz se encuentra activo durante un total de 9 horas. El programa alimentario debe tener en cuenta estos hechos con equipos y modos adecuados. Si como hemos dicho el avestruz en la naturaleza busca en todo momento del día algo para ingerir, esto quiere decir que, en la práctica, se debe poner *a disposición continua y no a pasto* todo lo que hemos dicho que constituye la ración (incluida el agua). No se debe suministrar el alimento, sino que se debe abastecer de *provisiones* (en comederos y abrevaderos) de forma que el animal pueda encontrar en todo momento del día todo lo que le apetece. Se nutrirá de un modo equilibrado sin excesos ni carencias; para conseguir esto, los comederos y abrevaderos deberán tener una cierta profundidad para favorecer *la picotada*, que es bastante difícil por las características anatómicas del pico y de la cavidad oral. Poco alimento en los comederos puede inducir al avestruz, especialmente al polluelo en las primeras semanas de vida, a ingerir en otro lugar, y no en los comederos, otras sustancias como las heces. Otro daño es producido por el agua escasa y sucia. Cuando bebe, el avestruz sumerge el pico abierto y limpia de cualquier depósito de tierra u otra cosa el pico y el exterior del pico, dejando así en el agua sustancias que pueden alterar a lo largo del tiempo la pureza del agua misma.

Lo que hemos llamado abastecimiento de provisiones es bueno que se realice fuera de la vista de los animales (ya lo hemos dicho, pero es conveniente repetirlo), porque «el momento» ligado obviamente a la vista del hombre por parte de los animales se convertiría en un reclamo para ellos mismos, y el alimento llegaría a ser un hecho agradable unido cerebralmente al hombre: se llegaría así a un no deseado *suministro a mano*.

En los cuadros que se incluyen en este capítulo se dan esquemáticamente unos valores indicativos para el cálculo de las raciones, completados por comparaciones con otros valores medios en el campo de la alimentación de la gallina ponedora de reproducción en sus diferentes fases de crecimiento, desarrollo, mantenimiento (polla) y puesta.

LA CRIA DEL AVESTRUZ

Zonas con predisposición climática óptima para la reproducción

▇ normal
▇ media
▇ máxima

Los reproductores

El ciclo reproductivo tiene como objeto la propagación de esta nueva actividad de cría, más sofisticada que la que se realizaba en los albores de los primeros pollos de carne, los famosos broilers, al principio de los años 50. Para su reproducción se utilizaron sujetos de diversas variedades de la misma raza, escogidos entre los más «bellos» de los destinados para el matadero, y las razas cruzadas podían ser las de huevo.

En el caso de los avestruces, se intenta desde el inicio utilizar reproductores elegidos (padres), formando familias con animales posiblemente procedentes del mismo origen familiar, para generar sujetos (F1) idóneos para llegar a ser a su vez reproductores de sujetos de matadero. Si en el apareamiento de los F1 se tiene cuidado de no utilizar «consanguíneos», se tendrán nuevos padres en la próxima expansión de la cría en Italia. A modo de ejemplo podemos decir que cruzando los nacidos de A × B con los nacidos de C × D (donde A, B, C y D hacen las veces de abuelos) obtendremos sujetos capaces de ampliar el número de reproductores sin los peligros de la consanguinidad. En todo este cruce de sangre es muy interesante la utilización de diversas variedades para conseguir mejoras en el crecimiento, rusticidad y tamaño, sin obviamente abandonar las otras capacidades vitales, como la reproductora (número de huevo/año y fecundación) y la resistencia física y a enfermedades.

De todo lo dicho resulta evidente que son dos los aspectos a considerar con la máxima atención para la reproducción: la elección de los animales y la utilización de los no «consanguíneos».

La elección parte de la posibilidad de evaluar a los animales más idóneos para procrear para la conservación de la especie en sus máximos valores, útiles por sí mismos y con el objetivo de reproducir también los adecuados para el simple aprovechamiento directo. A esta rama de la zootecnia se le ha prestado siempre mucha atención en todas las especies criadas sobre todo con fines industriales. En el caso del avestruz, conocer los valores indicativos necesarios para identificar los sujetos ideales adquiere una mayor importancia, porque los avestruces son poco conocidos y, por tanto, con extremada sencillez se pueden considerar igualmente bellos e idóneos. Es fácil adquirir animales de escaso precio, quizá atraídos por un precio más bajo que el que ofrece el mercado, creyendo tener unos sujetos de alta genealogía. Cuanto se exponga podrá ayudar a comprender que, si se quieren adquirir reproductores en edad juvenil y sin tener todavía la evidencia del dimorfismo sexual, es necesario conocer los caracteres generales de un buen sujeto desde el punto de vista unisex, si así se puede decir.

La identidad y la calificación «sexual» deberá ser declarada por los certificados de origen para los sujetos de importación, o por el productor que haya efectuado su sexaje en el momento oportuno.

Toda compraventa de avestruces destinados a la reproducción debe estar acompañada, además de los rituales documentos fiscales **Modelo de declaración de calidad**

Declaración de calidad

DECLARACION DE CALIDAD

El animal de la familia de las Corredoras (RATIDAS) que lleva el n° ....
y/o el código ....
pertenece a la variedad *Struthio Camelus Australis*
Ha nacido el .... en la explotación ....
....
de un huevo puesto por una hembra de .... meses de edad y en puesta del 1°, 2°, 3° año (........... huevos puestos como media/año), apareada con un macho de .... meses de edad, con capacidad media de fecundación del .... %.
La eclosión ha finalizado a los .... días.

ORIGEN DE LOS PADRES

Struthio Camelus Australis (rojo/azul) nacido en ....
....
el ....
Struthio Camelus Australis (rojo/azul) nacida en ....
....
el ....
Ha sido entregado el .... a ....
por ....
que certifica la veracidad de los datos arriba indicados.

Fecha ...., lugar ....

Firma del expedidor   Firma del receptor

....

---

y sanitarios, de una declaración que indique las características fundamentales que permitan al comprador la completa utilización reproductora de los animales (ver modelo de declaración).

Seguramente en los próximos años la observación de un mayor número de cabezas permitirá a los cada vez más numerosos técnicos perfeccionar y evidenciar los elementos de la evaluación. Hoy en día, la observación objetiva debe tener en cuenta cuanto sigue, después de haber repetido que es indispensable el conocimiento de la edad «cierta», sin la cual falta la posibilidad objetiva de considerar algunas características.

Evaluación general

Considerando que todas las características esenciales están ligadas a la genética de la variedad a la que pertenece el animal a examen, es necesario tener presente que hay que relacionar la altura con la edad, sobre todo para los sujetos menores de un año ó 15/16 meses. Una estatura próxima a la normal no influye tanto en los fines de la reproducción como en la posibilidad de que las masas musculares aprovechables lleguen a un desarrollo muy amplio y, por tanto, su peso dé el mayor rendimiento posible en carne; en sujetos de mucha estatura se obtendrá también un desarrollo igualmente interesante de la piel. El dato relativo al desarrollo en altura será también indicativo del estado de salud anterior del animal; una serie de concausas positivas en la primera edad favorece el desarrollo de los órganos internos y consiguientemente el crecimiento armónico de todas las partes del cuerpo, sobre todo del entramado de sostén, el esqueleto, que debe ser visiblemente robusto. La observación general del plumaje, independientemente de las diferencias ligadas al sexo, nos podrá ayudar a distinguir al animal en buenas condiciones físicas en el momento de la observación misma y también, aunque en medida limitada, por ciertos hechos anteriores, y nos podrá indicar si existe alguna diferencia entre la edad declarada y la real, sobre todo en los animales adultos. Un plumaje lustroso, con fijación robusta de las plumas en la piel y con un movimiento de las mismas suave pero sostenido, puede bastar para indicar una condición óptima de los aparatos circulatorio y respiratorio y de los tejidos subcutáneos. Plumas «apagadas» y no bien fijadas en el animal adulto pueden indicar un animal al final de su vida. Independientemente del color, el plumaje de cobertura adquiere un aspecto cada vez más uniforme a medida que el animal se aproxima a la madurez sexual.

Digamos unas palabras sobre cómo y cuándo se puede hacer una evaluación válida en general, como hemos expuesto, tanto en el caso específico de un macho como de una hembra: el animal es observado después de que se ha habituado a la vista del nuevo observador y ha vuelto a su natural caminar por el paddock. El mejor momento es cuando camina con el cuerpo y el cuello completamente erecto: expresará así su máxima altura, pero sobre todo pondrá de

Cuadro 8. Ciclo productivo ideal

Sujetos puros no consanguíneos	I generación	II generación	Mercado
Padres	F1	Final	
macho A x hembra B	macho x hembra macho x hembra	machos hembras	matadero

Cuadro 9. Esquema reproductivo

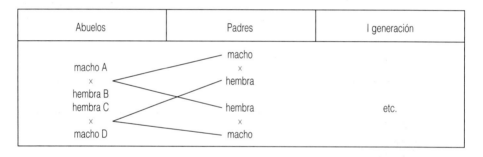

manifiesto la robustez del apoyo de las extremidades y la flexibilidad de las plumas, dejando entrever la piel desnuda de los muslos.

Las diferencias entre los sexos son difíciles de observar hasta los 14/18 meses de edad; son tan difíciles que toda declaración sobre la observación del aspecto somático para indicar el macho o la hembra no puede ser tomada seriamente en consideración. Además de todo lo dicho al respecto en el capítulo sobre anatomía, podemos añadir que el macho tiene un porte más majestuoso, con el cuerpo robusto más alargado y recogido dorsoventralmente, de forma que deja ver escasamente la piel desnuda del bajo tórax y del abdomen. Una hembra que sea buena ponedora, al contrario de lo dicho para el macho, deberá tener un tórax y un abdomen amplios y profundos. Cuando la edad está muy próxima a la de la madurez sexual, se comienzan a poner cada vez más en evidencia los que se podrían llamar caracteres sexuales secundarios: consecución del típico dimorfismo sexual por el color del plumaje, pico y patas. Por el porte, el macho se distingue por el ojo más vigilante, el aspecto altanero y seguro y el sentido de dominio sobre el hombre y sobre las hembras de la familia. Está claro que la observación del macho mientras orina permite tener una indicación determinante e incontrovertible: se pone de manifiesto el pene desplegado que se observará obviamente también en el momento culminante de los cortejos que preceden al apareamiento, pero en este caso ya no será indispensable esta observación porque el comportamiento mismo servirá de aclaración, si todavía fuera necesaria. La hembra se manifiesta por el carácter apacible, temperamento sociable y fácilmente domesticable. En los dos sexos, la actitud favorable de un sexo al acercamiento del otro es un óptimo síntoma de predisposición a la reproducción.

Elección de los sujetos para formar el grupo de reproducción. He aquí algunas precisiones útiles para la evaluación:

— el avestruz llega a la madurez sexual a los 24/26 meses de edad, pero con una diferencia práctica entre los dos sexos, que se puede acentuar desde el período estacional en el que los animales llegan a esa edad:
— el alcance de la madurez sexual no se corresponde siempre con el inicio de la plena actividad reproductora. Esta última, que es la que más nos interesa, puede comenzar mucho tiempo después de la citada edad.

Cuadro 10. Características de los adultos

	Macho	Hembra
Cabeza cubierta de densa pelusa	Color azul gris	Idem más claro
Pico oscuro, recto y aplanado con revestimiento córneo. Narices de mediana longitud, ovaladas y bien evidentes	Color rojo vivo con protuberancias distales	Color gris oscuro
Mandíbula bien desarrollada y flexible: apertura bucal muy dilatada: ojos grandes, móviles en todas las direcciones y protegidos con robustos párpados provistos de pestañas. Orificios auditivos amplios, desnudos y bien visibles.		
Cuello robusto, muy móvil	Muy erecto	Erecto más corto
Cuerpo robusto, alargado, zonas desnudas sobre el esternón, bajo vientre y muslos	Plumaje negro	Plumaje gris-moreno
Alas no aptas para el vuelo, recubiertas por plumas largas y sedosas	Todas blanco-brillante	Algunas blanco sucio
Cola con plumas como en las alas	Idem	Idem
Patas o miembros posteriores musculosos, potentes y desprovistos de plumas; la región del muslo evidencia la coloración gris-azulado de la piel.		
Tarsos recubiertos de anchas escamas de color	Rojo vivo	Gris
Pie grueso, robusto y formado por dos dedos, de los cuales el interno, provisto de grandes uñas, está más desarrollado que el otro, está vuelto hacia adelante y es el único que forma el apoyo del animal sobre la tierra.		

En efecto, si la hembra llega a los 20/22 meses de edad a la mitad del invierno, casi con seguridad al inicio de la primavera siguiente, si constitucionalmente es buena ponedora, comenzará una larga serie de puesta de huevos incubables por peso, forma y conformación de la cáscara. Si los 20/22 meses de edad coinciden con el comienzo de la primavera, podrán llegar los primeros huevos, pero quizá estén fuera de norma por el peso.

Ocurre de igual forma con el macho, pero su considerable diferencia operativa consiste en que el ardor sexual no se corresponde inmediatamente con la plena capacidad fecundativa que, por el contrario, se manifestará al año siguiente: recordemos de todas formas que un buen reproductor, tanto macho como hembra, llegará a serlo a los cinco, seis o siete años de edad, y esto ha de considerarse lógico porque está en proporción con la duración «declarada» de la vida reproductora.

Resulta evidente pues que, dado que el fin y el interés de la cría es el de obtener muchos huevos incubables y fértiles, es más conveniente escoger hembras que lleguen a los 26/28 meses al inicio del año solar, para aparear con machos que en ese mismo momento tengan 34/38 meses de edad.

Hemos citado el problema de la consanguinidad, o mejor de la no consanguinidad. En las crías tradicionales de animales con fines industriales ya no se discute este tema: no porque no tenga importancia, sino porque con la llegada indudable de los apareamientos con cruzamientos para hibridación, no sólo no se puede hablar de consanguinidad, sino que se debe hablar decididamente de sujetos de razas o variedades naturales o artificiales que son diferentes. En efecto, todas las líneas más difundidas de animales hoy en cría proceden de estudiados cruzamientos: para intentar ampliar el número de animales que lleven caracteres muy interesantes para el rendimiento, fueron apareados sujetos también consanguíneos, pero no en consanguinidad «estricta», sino en consanguinidad «amplia»; es decir, se ha operado en *linebreeding* y no en *inbreeding*. El inbreeding es una consanguinidad estricta entre padres en 1° y 2° grados, o media en 3° y 4° grados. El linebreeding es una consanguinidad lejana en 5° y más grados. Con el linebreeding se consiguen los efectos positivos del apareamiento en consanguinidad, y se evitan los efectos negativos como la disminución de fertilidad ya desde la segunda y tercera campaña de reproducción.

Hemos hablado otras veces de la importancia de la codificación del polluelo para poderlo reconocer siempre, a lo largo de toda su vida, y aparear sujetos idóneos para evitar los contratiempos de la consanguinidad.

Como demostración de la importancia que se da universalmente a este hecho, citaré los estudios e investigaciones actuales para poder hacer fácilmente aplicable la identificación de los sujetos a través del examen de la sangre mediante el test del DNA; se tendría la posibilidad de asegurarse en sentido absoluto la exactitud de los apareamientos y, por tanto, la más alta calidad de los sujetos cedidos como reproductores.

LOS REPRODUCTORES

Pasillo de la caza mayor: embarque del avestruz. Villa Imperial del Casale, Sicilia.

Una elección correcta debería seguir diversos procedimientos:

— al adquirir animales de importación directa o indirecta de los países originarios de las regiones sudafricanas, se debe considerar que estos son sujetos con consanguinidad amplia, porque proceden de animales recogidos en estado salvaje y posteriormente seleccionados, salvo que no estén acompañados de un certificado que declare la proveniencia del macho y de la hembra de grupos diferentes: en este caso, podrán ser considerados no consanguíneos a todos los efectos;
— al adquirir sujetos nacidos en Italia o en terceros países, podrán ser considerados no consanguíneos si van acompañados de una declaración del criador-productor que certifique la proveniencia del macho de padres diferentes de los padres de la o de las hembras.

La *cría* de los sujetos destinados a la reproducción no supone particulares atenciones, salvo la aplicación con la máxima severidad de todas las reglas normalmente aconsejadas. Dado que los sujetos habrán sido sexados en el nacimiento e identificados, en el caso de que en la explotación haya más familias, con códigos que indiquen sus padres de origen, será oportuno separar los machos de las hembras cuando alcancen los 18 meses de edad: conseguiremos la manifestación de la madurez sexual en animales más tranquilos y sin que se produzcan las naturales luchas o escaramuzas entre machos que tienen lugar si el grupo comprende también hembras. Habremos evitado posibles daños físicos, incluso graves, que son una consecuencia de estos encuentros, y habremos preparado del mejor modo posible el encuentro entre los dos sexos en el momento deseado: el estímulo sexual casi de improviso favorece un buen inicio de la reproducción.

Durante el curso de los años de actividad reproductora, se pueden realizar dos prácticas de cría. La primera es la separación del macho de las hembras durante el período de reposo de la puesta: las hembras podrán de ese modo recuperar más fácilmente las condiciones óptimas para poder iniciar una nueva campaña reproductora. La segunda práctica consiste en la posibilidad de sustituir al macho en la formación de la familia: un macho muy activo puede resultar desperdiciado y algunas veces perjudicial si se aparea a hembras demasiado jóvenes o débiles y viceversa. Creo que no es malo repetir que estas separaciones o desplazamientos deben hacerse con la máxima calma y atención para provocar el mínimo estrés.

La *formación de la cría* y su composición forman parte de la decisión inicial para la programación de la granja y se puede variar en el transcurso de la actividad. Teniendo en cuenta que el avestruz es un animal polígamo y que tiene una marcada predisposición para la vida de grupo, se pueden realizar todas las combinaciones de formación:

Pareja = familia formada por macho y hembra.
Familia = familia formada por un macho y dos hembras.
Grupo = más familias.

La solución de la PAREJA lleva a un aprovechamiento inferior del capital macho, hecho que en la práctica no será tan relevante porque se puede estimar un porcentaje más alto de fecundación de los huevos; es una solución indispensable cuando se dispone de sujetos de alta genealogía, quizá de variedades diversas, de las que se quiere obtener reproductores apreciados; es el único sistema para poder clasificar con seguridad los nacidos con los datos de los padres. Es el método en general en los Estados Unidos, sobre todo donde los criadores, al disponer de sujetos autóctonos, pretenden reproducir su variedad.

La solución FAMILIA produce un justo equilibrio entre costes e ingresos y a partir del segundo o tercer año de actividad reproductora puede dar resultados comparables a los de la pareja. Será conveniente el control de la actividad productiva y del porcentaje de fecundidad para efectuar, si es el caso y con el fin de optimizar los resultados, el intercambio de machos o de las hembras.

Con las dos soluciones —pareja y familia— se tiene la certeza de poder marcar a los nacidos y poder destinar a la eventual reproducción sujetos con proveniencia (sangre) distinta: en otras palabras, se podrán formar parejas o familias de no consanguíneos.

La solución GRUPO puede resultar más sencilla y práctica en el caso de que se destinen los nacidos al sacrificio. Los sujetos se pueden destinar siempre a la reproducción, pero sólo si se cruzan con sujetos provenientes de otras explotaciones. Debido a que es más difícil todo control, y dada la falta de posibilidad de atribución de los «performances» (capacidad de fecundación, puesta e incubabilidad de los huevos), con esta solución, frente a un genérico menor coste de gestión, se podrán obtener resultados productivos más escasos con la imposibilidad de investigar sus causas para obviarlas. Se exalta en este caso la propensión del avestruz a la vida de grupo, pero al mismo tiempo se puede exaltar también el sentido de dominio de un macho sobre los demás, de forma que se llega a penalizar totalmente las capacidades reproductoras de un macho o de más hembras.

El apareamiento

Es el momento más importante porque de él, de su planteamiento y de sus consecuencias se deriva el éxito futuro de la explotación de cría. Es la demostración de que los machos y las hembras han constituido un conjunto armónico en un ambiente idóneo. El interés del criador y sus decisiones deben preparar esta actividad de la forma más conveniente ya al inicio de la programación, porque después hay que dejar a los animales la tarea de desarrollar su vida de relación.

La elección de los reproductores deberá tener en cuenta, en primer lugar, su origen para evitar cruzar sujetos consanguíneos: hay que desaconsejar la consanguinidad estricta derivada del cruzamiento entre hermanos (inbreeding) cuando se programa destinar los nacidos a la posterior reproducción. En efecto, se tendrán consecuencias negativas en la fertilidad de las generaciones sucesivas; podrá producirse también el nacimiento de sujetos deformes. Para el criador que programa una producción de sujetos destinados únicamente al sacrificio, este problema no se plantea.

Otra cosa es el cruzamiento entre variedades distintas (Redneck-Bluneck) o entre sujetos que presenten una morfología particularmente interesante para intentar mejorar las características, sobre todo de desarrollo corporal, necesarias para la producción de carne y piel. Hoy en día no se conoce el grado de heredabilidad de las características que más pueden interesar y, por tanto, no se puede garantizar que las diversas características de algunas variedades existentes hace tiempo en varios países del sur de Africa puedan repetirse, dominando a las demás.

El carácter y el comportamiento, tanto del macho como de la hembra, podrán llegar a ser determinantes; una vez constatado que se ha creado el justo «feeling», será bueno proteger la vida de la familia en un área tranquila evitando perturbarla. Puede resultar importante aislar el recinto con un seto para crear un ambiente reservado, «la privacy», que la mayoría de las veces es agradecido sobre todo por el macho. También durante la estación de actividad reproductora es posible, con las debidas precauciones, cambiar la composición de la familia cuando, por ejemplo, se haya constatado que la «formación» creada produce huevos con una fertilidad escasa, o bien, por el excesivo dominio en la familia de una hembra, la otra reduce su impulso sexual poniendo menos huevos. La estación reproductora, en el año solar, depende de las condiciones climáticas de cada zona. Hemos dicho, al hablar del medio ambiente y de la programación para el cálculo preventivo de los resultados económicos, que es cierto que el avestruz se ambienta perfectamente en cualquier parte del territorio italiano, pero también es verdad que, a los fines reproductivos, la vida del avestruz tendrá diferentes comportamientos en las diversas partes de Italia: será más intensa y prolongada en las zonas con condiciones climáticas más cálidas, pero sobre todo donde el día tenga la mayor duración efectiva de luz; será más fácil que esto ocurra en los territorios de llanura del centro-sur y de las islas, y en las zonas situadas junto al mar, que en las zonas montañosas (ver mapa en la página 82).

Teniendo en cuenta la propia posición geográfica, cada criador decidirá el momento más oportuno para la formación de la familia, que no debe tener lugar mucho antes de la estación de los celos: un mes antes puede ser suficiente para crear la aceptación y estimulación recíproca en la relación.

El inicio y la continuidad del período de puesta dependerán también de las condiciones climáticas de uno o dos meses anteriores. En estos meses tiene lugar el desarrollo de los ovarios, y esto se manifiesta al máximo si el clima había sido relativamente caliente y sin alternancia con jornadas muy frías. Un desarrollo completo dará como resultado un inicio precoz y una puesta continua durante más meses, mientras que un desarrollo ralentizado provocará que la puesta comience normalmente y se interrumpa fácilmente más veces durante breves períodos.

La luz del sol influye en la puesta, ya que estimula la glándula pituitaria para producir la hormona encargada de provocar la maduración del óvulo; en el macho, la luz estimula la producción del semen y la actividad sexual. Por tanto, es la luz del día más que el calor lo que favorece una larga duración de la estación reproductora; no nos debe pues extrañar si se tiene una anticipación o una prolongación de la estación misma.

Para reunir en este capítulo una síntesis que ilustre la puesta, se puede decir que:

— la hembra pone un huevo cada 48 horas y en el transcurso de la jornada durante la tarde, preferentemente después de las 4 de la tarde;
— la puesta puede desarrollarse en el arco de 240/260 días en la parte media del año solar; durante este período se pueden producir interrupciones más o menos largas debidas a algunos factores:
   a) es la primera estación de puesta, sobre todo cuando el inicio de la misma ha sido anticipado respecto a una madurez sexual media (24 meses de edad);
   b) imprevistos descensos de temperatura y, simultáneos o no, aumentos de humedad;

c) desequilibrio alimentario, con carencia de calcio, vitaminas y aminoácidos, prorrogados en el tiempo.

La formación de los apareamientos (familias), ya lo hemos dicho, se debe hacer un poco antes del supuesto inicio de la madurez sexual. Un elemento del dimorfismo sexual se evidencia de manera completa en el macho cuando comienza la verdadera estación sexual: el color del pico y de la superficie anterior de las patas, que era rojo hace algunos meses, se acentúa mucho; en las variedades Redneck también el color del cuello se parece al de la piel sangrante.

Ya hemos visto que la hembra y el macho realizan esta evolución poco después de los dos años de vida y, por tanto, si están en las mejores condiciones generales y ambientales, pueden dar curso a una producción de huevos fértiles. Pero en la práctica, es bueno repetirlo, debemos considerar la necesidad tecnico-económica de poder disponer inmediatamente de huevos incubables, como ya hemos indicado en el capítulo anterior. En las grandes granjas sudafricanas, en las zonas del Klein Karoo, los primeros apareamientos se realizan a la edad de 2 años y medio para la hembra y 4 años para el macho.

Algunas condiciones pueden resultar esenciales para garantizar buenos apareamientos y, por tanto, una buena reproducción:

a) asegurarse de que los animales puedan encontrar la posición y la condición del terreno favorables para la creación del nido (una superficie de 10 m^2 de arena en un punto del recinto cómodo para la parada nupcial, pero también para la recogida del huevo). El avestruz macho prepara con el pico el nido, que puede tener un diámetro de 2 metros y una profundidad de 30 cm;

b) alimentar a los animales ya en el período que precede al celo de forma completa, pero no excesiva, de modo que se eviten animales gordos; poner a su disposición conchas de ostra, hierba o heno y pienso adecuado, que tengan el óptimo nivel en aminoácidos y vitaminas;

c) controlar, antes del comienzo de la puesta de huevos, las heces (examen de laboratorio para el estudio de endoparásitos), para comprobar la correcta y completa digestión de los alientos sin la presencia de síntoma de patologías entéricas que, si se complican con acciones bacterianas, podrían terminar por alterar la funcionalidad del oviducto por la contigüidad de la salida a la cloaca.

La parada nupcial y el apareamiento son los momentos de la vida del avestruz más famosos y conocidos por su «teatralidad». No existe una hora o un momento exacto de la jornada; la hembra empieza a agitarse, casi imitando la danza nupcial del macho, defecando y orinando frente al macho mismo. En la naturaleza, la hembra aleja a las demás hembras y machos con coces y silbidos. Los dos animales sincronizarán los movimientos simulando la búsqueda de comida y piedras. Si no interviene nada que les pueda molestar, el macho inicia la danza que puede durar unas horas: se pone frente a la hembra, se do-

LA CRIA DEL AVESTRUZ

Hembra en celo.

Macho y hembra en preapareamiento.

EL APAREAMIENTO

Apareamiento:
1 - el macho cubre;
2 - el macho se levanta
3 - el macho se aleja.

bla inclinándose hacia atrás girando las alas hasta hacer que se arrastren por tierra mientras infla el cuello y emite sonidos guturales (semejantes a fuertes mugidos) y silbidos. Después comienza a girar alrededor de la hembra hasta que ésta se acurruca y el macho se pone sobre el dorso insertando el pene hacia la parte baja de la cloaca, haciéndolo pasar al lado de la cola de la hembra. El apareamiento puede durar de 1 a 2 minutos, durante los cuales la hembra agita el pico, produciendo un ruido parecido al de las castañuelas, mientras el macho «gruñe». La observación del comportamiento de la hembra y del macho antes, durante y después del apareamiento servirá para conocer mejor a los animales y para establecer si la elección, al menos hasta este punto, ha sido correcta. En los momentos inmediatamente posteriores, los animales emprenderán la búsqueda de alimento y otras cosas a ingerir, con una particular atención por el agua.

Según un viejo dicho inglés, con el apareamiento se cumple el más importante episodio de la vida de un cría; los otros tres, por orden de importancia, son la incubación (en el sentido mismo del término), la alimentación y la dirección.

La incubación

La incubación del huevo de avestruz se desarrolla siguiendo a grandes líneas la marcha de la de las aves domésticas y no domésticas. La incubación artificial imita la ya practicada con éxito en la avicultura moderna, incluso para la caza. En este capítulo el lector, ya al corriente por práctica o conocimiento de los principios que regulan la incubación artificial, encontrará métodos y procedimientos que le son conocidos, además de conceptos nuevos específicos para el avestruz.

Hagamos una consideración básica, casi un dogma: cualquiera que sea el número de huevos a incubar, en el caso de huevos de avestruz es siempre el huevo individual, y no la incubación de más huevos, el que es seguido desde la puesta hasta la eclosión; el por qué de esto se comprenderá después, pero ahora basta decir que ésta es una diferencia para quien ya es experto.

Este capítulo tiene como título la incubación, pues en efecto se ocupa del desarrollo del embrión, desde su formación hasta que ya no es embrión y se convierte en polluelo. La incubación representa la modalidad a través de la cual se alcanza natural o artificialmente el período más largo del desarrollo del embrión, pero no todo.

En el gráfico de la página siguiente hemos intentado evidenciar, tanto en términos de tiempo como de importancia, los tres períodos en los que se puede dividir el desarrollo del embrión. El primero desde el momento de la fecundación hasta la puesta en incubadora del huevo; el segundo, de incubación propiamente dicha, que termina con el inicio de la respiración del nascituro; el tercero desde este momento hasta el comienzo de la vida independiente, que coincide con el fin de la absorción del vitelino y con la terminación de la formación de la extremidad distal de los miembros inferiores. Según este esquema, el desarrollo del embrión dura (obviamente excluyendo el período de intervalo entre la puesta del huevo y la puesta en incubación) de 45 a 49 días. Este es el período durante el cual se debe operar con atención para favorecer al máximo el nacimiento del polluelo.

Como en otros momentos de la vida del avestruz (la nutrición), también en el proceso que da lugar al nacimiento de un nuevo individuo la observación de

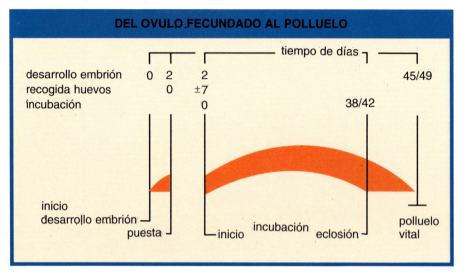

Desarrollo del embrión.

cuanto ocurre en la naturaleza es importante para identificar todo lo que del comportamiento de los avestruces es útil y se copia, y todo lo que puede ser mejorado. Es por lo que aquí hablamos de ampliar el control a los 45/49 días y no a los 38/42 de pura incubación: muchas de las acciones que se hacen antes y después de la pura y simple incubación pueden perjudicar no sólo al desarrollo del embrión, sino también a la vitalidad misma del polluelo.

Indicaré ahora, aunque es una fase del ciclo reproductivo que precede totalmente a la que ahora nos interesa, algunos detalles sobre las dos células que formarán el nuevo ser vivo.

La célula femenina, el óvulo, se forma en el ovario llegado a maduración en un número relativamente bajo. Cuando se producen una serie de causas físico-hormonales, llega a maduración e inicia el descenso en el oviducto, como mínimo un óvulo cada 46/50 horas: éste está representado por la yema sobre cuya superficie se encuentra la microscópica porción esencial, «la cicatrícula». El resto de la yema está constituido por una serie de capas concéntricas de vitelo más o menos amarillo. Todo está envuelto por una membrana que se puede llamar vitelina. El espermatozoide, producido en número mucho más elevado por las gónadas masculinas, los testículos, llega junto a un gran número de sus semejantes a la parte alta del oviducto, llevado casi completamente por el órgano copulador. El óvulo inicia el descenso en el oviducto y es fecundado en su porción dilatada. Después prosigue su descenso y es envuelto por la clara, que posteriormente es a su vez encerrada en una membrana (testácea) de doble pared, y después por la cáscara calcárea sobre la cual se deposita, para secarse después de la puesta, una espesa capa de mucosidad. Todas las fases de la for-

LA INCUBACION

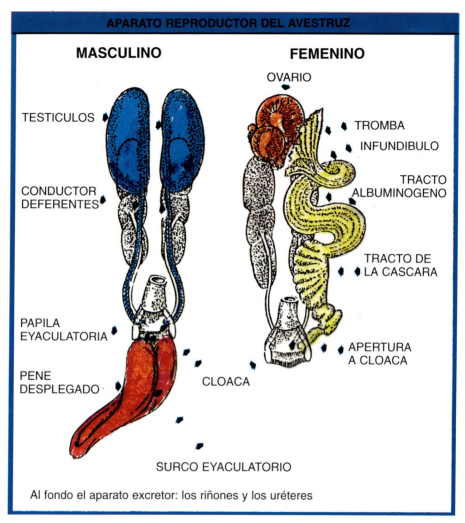

Aparato reproductor del avestruz.

mación del huevo pueden verse influenciadas de forma negativa por particulares condiciones que estresan a la hembra ponedora: a los fines de la perfecta y regular marcha del desarrollo del embrión, es importante la formación de la cáscara, que se estima que sucede durante 24/36 horas.

La cáscara es la capa preferentemente de carbonato de calcio que cubre las dos membranas (testáceas) que envuelven al huevo. La dura capa calcárea es interrumpida por millares de pequeños orificios que atraviesan también la primera membrana: los poros. La posición, la forma y el número de los poros de la cáscara son fijados cuando el huevo es puesto, y sólo pueden ser cambiados, por lo menos en cuanto a la practicabilidad, por un mal manejo del huevo antes y durante la incubación. Los poros permiten la oxigenación del interior del huevo y la salida del anhídrido carbónico y del vapor de agua. La conformación de la cáscara y el tipo y densidad de los poros puede variar entre huevos de la misma hembra, y hembras diferentes pueden poner huevos con la misma porosidad.

Intentaremos ahora seguir el fenómeno del desarrollo embrionario en sí y como ocurre en la naturaleza y en la práctica en líneas paralelas.

El inicio del desarrollo del embrión tiene lugar inmediatamente después de la fecundación. En efecto, en el huevo de las aves la Blastogénesis, es decir la formación de la célula huevo fecundada, se verifica inmediatamente después de la fusión de un espermatozoide con el óvulo maduro. La célula segmentada se deposita para flotar sobre la superficie del vitelo formativo, que es la membrana que envuelve al vitelo nutritivo (yema). Se inicia así la creación de la «cuna» donde inmediatamente después se formará el embrión propiamente dicho. Unas 48 horas después de que es puesto el huevo, todo lo descrito ha ocurrido ya. También en la «cuna» (la banda primitiva) han comenzado a desarrollarse los primeros esbozos embrionarios.

En la naturaleza

El huevo es puesto por la hembra en un lugar del terreno predispuesto por la hembra y el macho para formar el nido y es arreglado de modo definitivo con el pico por la hembra. El desarrollo del embrión se detiene hasta que la hembra, una vez terminado un período de puesta, comienza junto al macho la incubación. El número de huevos puestos puede ser de 24/25 depositados en círculos concéntricos. Si la familia está formada por más hembras, la hembra dominante coloca el huevo en el centro y las demás en la periferia del nido.

En la práctica

El huevo es recogido, mudado, transportado, limpiado, etc. y puesto en un contenedor en espera de la incubación. El desarrollo del embrión se interrumpe más o menos bruscamente según el manejo. El huevo se pone limpio, o de cualquier forma cubierto siempre de un humor que ha favorecido el «escurrimiento» en el último tracto del oviducto; no es necesario quitar este humor antes de que se haya secado naturalmente.

La interrupción del desarrollo del embrión ha ocurrido porque ha faltado la necesaria temperatura en la mancha germinativa (cicatrícula), que al estar posicionada inmediatamente debajo de la cáscara y las dos membranas, siente enseguida el descenso de la temperatura sobre el huevo. La mancha flota sobre la yema y ésta se mantiene en la posición correcta junto a la cáscara porque es

LA INCUBACION

empujada hacia arriba debido a que su peso específico es inferior al de la clara y es mantenida en posición central respecto a los dos polos por el ligamiento de las dos chalazas. El huevo, desde el momento de la puesta, pierde humedad y esto ocurre con la pérdida de consistencia de la clara que así reduce la protección de la yema, compensada por el posible inicio de la formación de la cámara de aire. Cuanto más días pasan, más aumenta ésta. La pérdida de peso es como media de 4,7/5,7 gramos al día durante los 39 primeros días. El huevo puesto en posición por la hembra en el momento de la puesta no sufre mucho las consecuencias de esto, porque la yema continúa protegiendo con su masa al embrión. En la práctica, el huevo recogido, mudado de sitio y quizá transportado, y después colocado en la posición querida por el hombre, pero obviamente diferente de la originaria, puede ser dañado en este momento delicado.

Considerando cuanto hemos dicho, nos explicamos por qué la hembra incuba con éxito 25 huevos al mismo tiempo (50 días de puesta) y, por el contrario, en la práctica se aconseja incubar los huevos producidos en una semana de puesta. Es siempre bueno incubar muchos huevos de una sola vez, pero el número y los días de espera dependen de cómo han sido tratados los huevos.

Con la incubación se reanuda el desarrollo del embrión.

Al inicio de la incubación, en la periferia de la zona donde se está desarrollando el embrión, se forman unos pliegues que rápidamente darán vida a un saco dorsal de protección del embrión (amnios) y a otro ventral que desarrollará el vitelo nutritivo (vesícula umbilical), que permanecerá aislado del intestino por el pedúnculo umbilical. En la pared de la vesícula umbilical se forma la circulación sanguínea (onfalomesentérica), que funcionará hasta el consumo de los últimos residuos del vitelo, conservándose más allá de la eclosión del huevo.

Otro anejo embrionario que se forma para protección y custodia del embrión es el alantoide: es una membrana que entre otras cosas tiene la importante función respiratoria por medio de su vascularización.

Porosidad de la cáscara calcárea y presencia de la cámara de aire por una parte, y circulación alantoidea por otra, son las condiciones esenciales de los cambios respiratorios. La cámara de aire, que se forma al despegarse las dos membranas que envuelven todo el interior de la cáscara, se ensancha por el polo opuesto a aquel hacia el cual se está concentrando el «grupo» embrión y anejos, y donde está disminuyendo de volumen, por reabsorción, la clara misma. El embrión que, como hemos visto, se forma sobre la superficie del saco vitelino a mitad entre uno y otro polo, sigue la orientación cráneo-caudal de la banda primitiva, y si el huevo está posicionado de forma que tiene el polo, donde se forma la cámara de aire, sólo ligeramente hacia arriba, orienta el lado craneal hacia la cámara de aire, favoreciendo en los últimos momentos, antes de que eclosione el huevo, la primera respiración del polluelo. Solamente 24/36 horas antes de la eclosión habrán desaparecido los líquidos amniótico y alantoideo: el huevo se hace todo oscuro, excepto la cámara de aire que se ensancha al máximo. Las dos membranas amnios y alantoide se secan y aparecerán en la cáscara rota con los restos de la vascularización (trazas de sangre) en el alantoide. Las dos membranas testáceas seguirán siendo vitales y pueden ser perforadas fácilmente con el pico, la interior antes para permitir la primera respiración verdadera, y la exterior para no obstaculizar la definitiva rotura de la cáscara.

En la naturaleza

La hembra y el macho, que incuban alternándose, la hembra de día y el macho de noche, mueven y vuelven a colocar el huevo con movimientos obviamente instintivos, y también instintivamente dejan descubierto el huevo en incubación, favoreciendo de este modo el aporte de humedad y de oxígeno a través de los poros. La pérdida de peso, que es de humedad, es ya la natural de la incubación. La temperatura del huevo ha descendido poco con respecto a la del cuerpo de la hembra (102/104° F - 38,8/40° C), y se mantiene en los límites convenientes junto a la humedad por las características del nido y por la cobertura del cuerpo del animal «ocupado en la incubación», cuerpo que siempre está junto a la superficie de la cáscara, inmediatamente debajo de la cual se desarrolla el embrión.

En la práctica

El huevo comienza de nuevo el desarrollo del embrión en un momento que depende mucho de cómo, dónde y durante cuánto tiempo ha estado conservado. El momento de la aparición de la cámara de aire está también ligado a cuanto hemos dicho antes, y participa en la natural pérdida de peso, representando también la formación de una provisión de aire para los cambios respiratorios. El huevo, durante la parada entre la recogida y el inicio de la incubación, ha perdido ciertamente temperatura y, al ser una masa muy grande (piénsese en la diferencia de diámetros de los de un huevo de gallina), emplea mucho más tiempo (que un huevo de gallina) en volver a la temperatura correcta. Sólo entonces se puede decir que reemprenderá el desarrollo embrionario. Ha perdido también peso y puede haber comenzado la formación de la cámara de aire.

Durante el desarrollo, el embrión cambia los gases (O y CO_2) a través de los poros de la cáscara y se estima que consume aire a razón de:

— 10 primeros días, 40 litros cada 24 horas;
— 10 siguientes días, 50 litros cada 24 horas;
— 10 siguientes días, 75 litros cada 24 horas;
— 10 siguientes días, 90 litros cada 24 horas.

El embrión llega a iniciar la respiración y acaba la fase de incubación a los 38 a 42 días después del comienzo de la fase misma. La diferencia está ligada a diversos factores, que comprenden aquellos que han precedido (recogida, reposo y sus condiciones) al inicio. En este punto, el embrión ha perforado ya la membrana testácea interna y con unos golpes de pico, que es muy robusto por la presencia de un músculo cervical que después desaparecerá, provoca la rotura de porciones de cáscara (no hace una factura continua como en el polluelo) y después de un breve período (parece que se repone de la fatiga) completa la rotura forzando la pared con el miembro posterior derecho.

En la naturaleza

El polluelo eclosiona sólo cuando se han verificado todas las condiciones óptimas; los padres, macho y hembra, parece que intervienen para ayudar al polluelo que se fatiga al liberarse de la cáscara.

En la práctica

La intervención del técnico en incubación, que ha seguido con los controles prescritos las diversas fases, puede ayudar a romper la cáscara y favorecer así la eclosión del polluelo. Ayudar o no a la primera rotura de la cáscara es una decisión importante porque es irreversible: la supervivencia del polluelo que ha terminado la incubación puede ser puesta en peligro si la intervención manual se hace demasiado pronto; en efecto, aunque el desarrollo haya tenido lugar hasta ese momento en condiciones óptimas, pueden ser necesarias algunas horas para que se complete todo el ciclo «dentro de la cáscara», y si advertimos que hemos adelantado los tiempos, ya no es posible volver hacia atrás y sólo queda esperar no haber perjudicado la supervivencia del polluelo. Una intervención manual en el huevo en el que el polluelo ha iniciado ya de forma evidente la rotura de la cáscara, o en el huevo que se retrasa demasiado en dar se-

Polluelo al minuto de vida.

Polluelos a los 4 primeros días: secado.

ñales de rotura, puede ser aconsejable porque puede salvar un polluelo quizá destinado a morir. En este caso, recordemos que hay que indicar el hecho en la «carta de identidad» del polluelo, porque es su índice de debilidad, e igualmente en la ficha de la familia el mismo hecho, que si se repite más veces podría indicar que es necesario efectuar algunas correcciones en la realización de la incubación, o hay que buscar, para eliminarla, alguna causa en la vida de los padres.

Hemos dicho al inicio que ya ha «eclosionado», pero en la práctica no ha nacido todavía. En efecto, el polluelo debe «cicatrizar las heridas» que lo unían con los anejos y debe absorber todo el contenido del saco vitelino (yema): la infección del pedúnculo umbilical y la no completa absorción del vitelino antes de comenzar a ingerir alimento podrían serle fatales. Perderá peso y al mismo tiempo dará un aspecto definitivo a la porción distal de las patas, que en la eclosión parecían también embrionarias y no capaces de sostenerlo. Es un período en el que necesita todavía una temperatura y un ambiente «tipo incubadora», pero en el que ya siente el deseo de la proximidad de sus semejantes y padres: es el único período (si no se considera el macho en celo) en el que emite sonidos que van del silbido al sonido de gorgoteo.

LA INCUBACION

En la naturaleza

El nido continúa su función, pero el polluelo no es defendido de infecciones (onfalitis) y enfermedades por enfriamiento.

En la práctica

El polluelo puede ser dejado algunas horas en la sección de eclosión y posteriormente puesto a terminar «el secado» en un contenedor de temperatura (28/30° C) y buen recambio de aire, después de haber desinfectado repetidamente el pedúnculo umbilical. Se deberá evitar en este período, durante más de 3/4 días, intentar hacer ingerir cualquier alimento o agua hasta que el polluelo demuestre su agrado. Comenzará con el agua, luego con pequeñas pajitas de heno (si el fondo del contenedor está cubierta de éstas) y después con alimento seco. El período es conocido como secado, pues en efecto corresponde al tiempo necesario para que tenga lugar la reabsorción de todo el vitelo, es decir de la yema sobre la cual se ha formado el embrión y que ahora representa el primer alimento del «polluelo neonato».

El período embrionario ha terminado y comienza la vida del polluelo.

***

Incubación de huevos de avestruz junto a huevos de oca.

LA CRIA DEL AVESTRUZ

Incubadora Farmaid, año de construcción 1958.

Hemos querido describir esta fase de la vida del avestruz añadiendo algunos detalles científicos no llevados del deseo de escribir un minitratado de embriología, sino para que se comprenda que cada acción, incluida la simple recogida del huevo que el hombre ejecuta para realizar la reproducción, tiene una gran importancia a fines del resultado.

La incubación

Los elementos indispensables para realizar artificialmente la incubación del huevo son esencialmente tres: el o los locales, la o las máquinas y el operador práctico. Para que el momento del nacimiento no se convierta para el polluelo en el inicio de problemas de salud, todo esto debe ser efectuado según rígidas normas sanitarias. Al proyectar la «estructura» necesaria y suficiente para garantizar la incubación de todos los huevos que sean puestos en la propia explotación, es preciso recordar que la instalación más sofisticada no eximirá al criador de la especialización: los buenos resultados se deberán más a la capacidad y el empeño humano que a la bondad de los equipos.

La incubadora

Las máquinas provistas de equipos automáticos de producción de calor y humedad (esta última no necesaria en sentido absoluto) y de aparatos de control de las mismas (termómetros e higrómetros digitales y/o psicrómetros) deberán ser adecuados para contener huevos que tienen unas dimensiones que oscilan entre los 12/16 cm del diámetro menor y los 14/18 del diámetro mayor.

El programa de incubación puede tener dos soluciones:

a) incubadora con eclosión incorporada;
b) incubadora + sección de eclosión separada.

Sobre la oportunidad tecnico-económica de una u otra solución hablaremos más adelante. El cálculo de las dimensiones óptimas de local y máquinas adecuadas para la cría tiene en cuenta algunos factores:

a) la duración de la incubación es de unas 6 semanas, de las cuales 5 son de incubación propiamente dicha y 1 de eclosión;
b) el número máximo de huevos disponibles por cada hembra presente en actividad es de 1 huevo cada 48 horas.

Ejemplo de programación:

Supuestos:

— incubación una vez por semana de los huevos producidos por una familia compuesta por dos hembras y un macho;
— número máximo de huevos recogidos 7/8;
— pérdida por huevos transparentes y por muerte del embrión (valor optimista) 8%.

Programa: espacio de incubadora suficiente para (7/8 × 5) 35/40 huevos. Espacio de eclosión suficiente para (7/8 menos pérdidas) 7 huevos.

El local

Es tan importante como la incubadora. Tanto si se consigue de una preexistente estructura de mampostería, como si hay que construirla ex novo en obra de fábrica u otro tipo de fabricación, el local debe estar aislado térmica y acústicamente no sólo de los ruidos, sino también de las vibraciones. Asimismo debe tener las paredes y el suelo lavables y desinfectables según las habituales normas sanitarias.

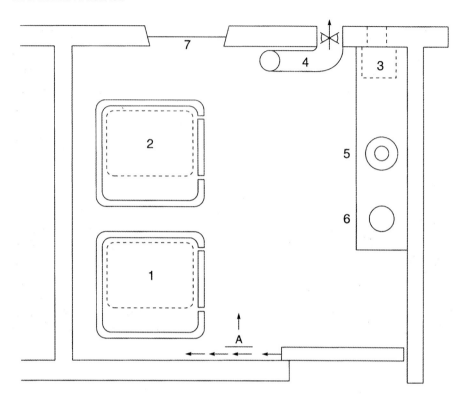

Esquema indicativo del local de incubación:
1) Incubadora - 2) Armario de eclosión - 3) Filtro de entrada del aire - 4) Aspiradores interior-exterior -5) Ovoscopio - 6) Balanza para pesar huevos - 7) Ventana oscura que se puede abrir sólo para emergencias.

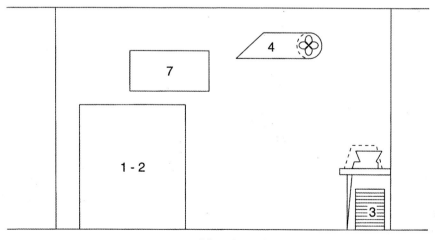

Vista A

Las dimensiones del local deben ser suficientes para permitir desarrollar, en su interior, las diversas operaciones inherentes a la incubación (pesado y mirada al trasluz de los huevos), y pesado y albergue de los polluelos hasta su completo secado (fin de la tercera fase).

En el caso de que hubiera que decidir la técnica que prevé la incubadora separada de la sección de eclosión, se puede tomar en consideración la creación de dos locales separados y contiguos para alojar separadamente a las dos máquinas. Esta solución es preferible sobre todo cuando la explotación alcance ciertas dimensiones, porque se consigue la separación clara del aire necesario para la incubación, que es bueno que sea bacteriológicamente más puro, del de la eclosión, que puede ser similar al de los espacios sucesivos, o sea, aire natural. El o los locales deben tener una abertura regulable para garantizar un suficiente recambio de aire entre el CO_2 emitido por los huevos y el oxígeno necesario para el embrión. Dado que la temperatura y humedad en el interior del local deben ser constantes, podrá ser necesario dotar a la abertura (ventana) de un ventilador termostato para expeler el aire viciado; el aire fresco deberá entrar por otra abertura dotada de un filtro que impida la admisión de polvo.

Para permitir un correcto funcionamiento de las máquinas (incubadora y eclosión) es necesario que la humedad en el local sea más baja que la que se considera óptima en las máquinas mismas, y precisamente:

Psicrómetro.

- con una temperatura ambiental de 20/25° C y humedad relativa del 60/70%;
- con una temperatura ambiental de 30/35° C y humedad relativa del 20/30%.

La incubación

La máquina debe ser puesta «a régimen», tanto por temperatura como por humedad, antes del momento de la admisión de los primeros huevos: la bibliografía y la práctica indican los valores óptimos (cuadro 11) que hay programar a este fin.

La temperatura y la humedad son fácilmente controlables tanto con el termohigrómetro digital como con el psicrómetro (termómetro en seco confrontado con termómetro en húmedo). En las máquinas dotadas de regulación termostática de la temperatura, y también de humidificación automática, disponer de los indicados aparatos de control permite adelantar eventuales correcciones de los valores antes de que se produzca una marcha irregular de la incubación. A los controles directos es siempre conveniente agregar un control indirecto de la marcha de la incubación, que se obtiene con la medición periódica de la pérdida de peso del huevo, lo que nos permitirá estimar también el peso del polluelo al nacimiento.

Las consecuencias de una elección equivocada de valores no óptimos figuran en el cuadro 12.

Reexaminando todo lo dicho sobre la primera fase de desarrollo del embrión, se deduce que los mejores resultados se obtendrán:

a) recogiendo el huevo lo más pronto posible después de la puesta, facilitados en esto por el hecho de que la hembra en un ambiente normal pone el huevo casi siempre en la misma posición del paddock, y sobre todo casi a la misma

Cuadro 11. Valores óptimos de incubación

Período		Valores
Incubación de 0 a 35/36 días	Temperatura	Entre los 97,2° F (36,2° C) y los 97,9° F (36,6° C)
	Temperatura en húmedo	Entre los 76,7° F (24,8° C) y los 79,2° F (26,2° C)
	Humedad relativa %	Entre 38 y 43
Eclosión	Temperatura	Disminuir 1,0° F = 0,60° C
	Temperatura en húmedo	Aumentar 1,8° F = 0,80° C
	Humedad relativa %	Aumentar en un 8%

LA INCUBACION

Ovoscopio artesanal (al lado el plato de la balanza).

hora del día: entre las 14/15 y 16/18. Para favorecer la posición en el paddock es útil la zona de arena indicada en el capítulo sobre el medio ambiente.

b) no agitando, lavando ni limpiando bruscamente el huevo, sino sólo desinfectándolo;

c) conservándolo en un ambiente a temperatura (min. 15° C y máx. 18° C) y humedad relativa (50/60%) constantes. El huevo debe estar en posición

Cuadro 12. Problemas que se presentan si la temperatura y la humedad no son óptimas

	Temperatura y humedad	
	Demasiado elevadas	Demasiado bajas
Eclosión Polluelo Cordón vascular	Precoz Apático, pequeño Mal cicatrizado	Tardía Pegajoso, hediondo Seco, onfalitis

horizontal y debe girarse una o dos veces al día con medio giro adelante y atrás (no una rotación completa) según el eje horizontal.

Con un buen «ovoscopio», que nos permite localizar la cámara de aire después de tan sólo 48 horas de la puesta, se podrá posicionar el huevo de manera correcta inmediatamente. De todas formas, la posición inicial no influye. Bastará comprobar con el ovoscopio, el menos al séptimo/octavo día de la incubación, la posición de la cámara de aire y posicionar correctamente el huevo con el polo donde se haya formado la cámara de aire hacia arriba. A diferencia del huevo de gallina, que tiene un polo obtuso y otro agudo y por lo cual es fácil establecer dónde se formará la cámara de aire, el del avestruz es simétrico con los polos iguales.

Es bueno explicar el por qué del *polo con cámara de aire hacia arriba.*

En la naturaleza, el huevo puesto permanece preponderantemente horizontal, pero no del todo: en efecto, si tuviésemos que dejar el huevo donde la hembra lo ha puesto, observaríamos que la hembra lo pone y prepara con sabios movimientos del asa que ella misma forma «como una cuchara» entre el pico y el inicio del cuello. Evidentemente, antes de iniciar la incubación, todos los huevos estarán en la naturaleza más o menos posicionados; pero, he aquí la razón, dado que el embrión desde el inicio tiende a disponerse de forma que la cabeza se forme hacia arriba (hacia abajo el huevo se hunde en el terreno), donde los poros de la cáscara están libres para los cambios gaseosos, es bueno que en el polo hacia donde se dirige la cabeza del embrión se forme la cámara de aire que le permita la primera y verdadera respiración. Posicionar correctamente el huevo no es ir contra la naturaleza o «hacer un trabajo inútil»; es sencillamente intentar evitar una de las causas que en la naturaleza reducen el porcentaje de eclosión del polluelo de avestruz.

El «ovoscopio», que consiste en una lámpara de luz muy intensa y concentrada de modo que se vea obligada a atravesar la pared de la cáscara del huevo, es un accesorio indispensable: operando en el local mismo de la incubadora con luces apagadas, se conseguirá la visión perfecta del interior del huevo.

Posteriormente, en torno al 9/12 día, el huevo fecundo comenzará a poner de manifiesto (mirando al trasluz) el desarrollo del embrión. En éste y en los sucesivos controles periódicos se verá una mancha oscura, porque es opaca a la luz del ovoscopio, que aumentará poco a poco por la parte del huevo próxima a la cámara de aire: al mismo tiempo aumentará la cámara de aire misma y disminuirá el peso del huevo: el desarrollo del embrión está en curso. Hacia el final de la quinta semana, el embrión (la mancha obscura) rellenará todo el espacio dejado libre por la cámara de aire: en este punto el huevo, cuyo embrión ha cogido desde hace tiempo la justa posición con el pico vuelto hacia la cámara de aire, deberá ser colocado en la sección de eclosión en posición acostada; esto no más allá del 38° día, pues en presencia de particulares condiciones de temperatura y humedad, comprobadas en el transcurso de la incubación, podríamos tener en ese

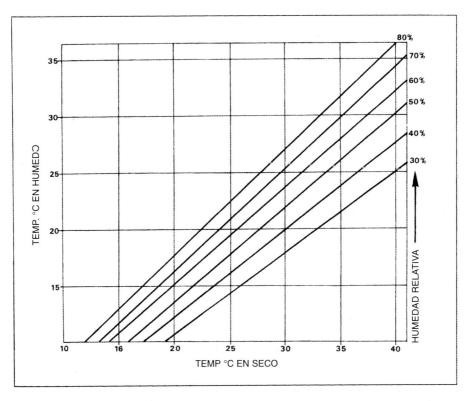

Tabla para el cálculo de la humedad relativa

día una eclosión normal. La posición acostada, cuando ya el embrión es casi un polluelo, favorecerá la justa colocación en el momento del intento de rotura de la cáscara por parte del polluelo: a este fin será también útil que el huevo esté libre en medio de su todavía pequeño espacio, para facilitar que el polluelo, una vez eclosionado, se pueda situar cómodamente fuera de la cáscara.

Hemos dicho que cada huevo es seguido individualmente, pero no hemos dicho que la eclosión al primer día de los considerados óptimos se deba a una errónea gestión de la incubación en general: muchos son los factores que pueden ser la razón de ello, y no sólo las características de la cáscara. Otros huevos puestos en incubación al mismo tiempo podrán también eclosionar normalmente uno o dos días después.

La técnica de los controles

Hemos dicho que la temperatura óptima es fácilmente controlable; el control de la humedad óptima es más complejo porque depende estrechamente de la porosidad de la cáscara. Por tanto, este control se hace sobre el huevo individual.

Sabemos que a través de la cáscara tienen lugar cambios de anhídrido carbónico y oxígeno y se produce una continua pérdida de humedad.

Para que esto ocurra es preciso que la cáscara sea perfecta y que las condiciones de humedad en torno al huevo sean óptimas. La humedad de la que hablamos es la relativa a la temperatura y no la absoluta. La humedad relativa es como media la expresión de la cantidad de agua presente en el aire y se expresa normalmente en porcentaje: depende de la cantidad de vapor de agua que el aire puede contener a una cierta temperatura.

Si la temperatura cambia, la cantidad de vapor de agua que puede estar contenido en el aire cambia. Un aire a alta temperatura puede contener mayor cantidad de vapor de agua que el mismo aire a baja temperatura.

Por ejemplo: si el aire tiene una humedad relativa del 50% a 70° F (21,1° C), el mismo aire llevado a 99° F (37,22° C) tendrá una humedad relativa de sólo el 20%, y si el aire tiene una humedad relativa del 50% a 99° F (37,22° C), el mismo aire llevado a 70° F (21,1° C) tendrá una humedad relativa próxima al punto de saturación del 100%.

La humedad relativa se puede medir directamente mediante el higrómetro digital. Otro instrumento que mide la humedad relativa es el tradicional «psicrómetro». Está formado por un par de termómetros idénticos de los cuales uno tiene la bola envuelta por una mecha que penetra con la extremidad libre en un contenedor lleno de agua. El principio en el que se basa el psicrómetro es el siguiente: si el agua se evapora por una superficie, la enfría. La evaporación depende de la temperatura del aire y de la cantidad de vapor de agua en el mismo, es decir, de la humedad relativa del aire. Cuando el agua se evapora por la mecha, se enfría la bola del termómetro y el grado de enfriamiento es inversamente proporcional a la humedad del aire. Confrontando la temperatura real indicada por el termómetro «en seco» con la del termómetro «en húmedo», es posible obtener la humedad relativa del aire. Por ejemplo (ver figura):

Temp en seco 99° F (37,2° C) + Temp. en húmedo 84° F (28,9° C) = Humedad relativa 55%.

La pérdida de peso del huevo

Hemos visto que la pérdida de peso del huevo se corresponde con la pérdida de humedad y, por tanto, controlando la primera obtendremos indicaciones directas sobre la marcha de la incubación y sobre las posibilidades de una eclosión correcta en tiempo y modos, y comprobaremos del mismo modo una eventual marcha irregular de la humedad en el interior de la incubadora, pudiendo así introducir correcciones.

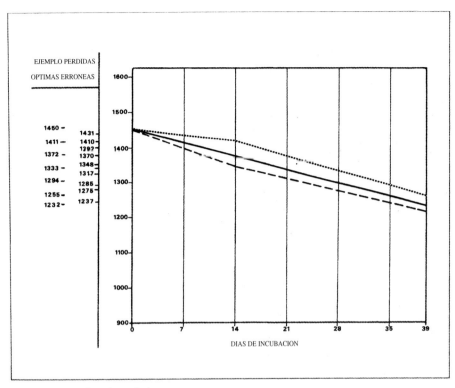

Diagrama para el registro de los pesos.

La pérdida de peso considerada óptima desde el inicio de la incubación hasta el momento de la rotura de la cáscara es del 15% de su peso obtenido al inicio de la incubación. El huevo había perdido un peso mínimo (3/4%) desde el momento de la puesta hasta el inicio de la incubación.

Se puede decir que siendo la humedad en el interior del huevo siempre la de saturación (100% de humedad relativa) y la porosidad de la cáscara por fuerza siempre constante, sólo la humedad del aire en el interior de la incubadora puede tener efecto sobre la pérdida de peso y, por tanto, sobre la incubación (desarrollo del embrión, etc.) del huevo.

Habiendo visto que el control de la pérdida de peso del huevo es un método fiable, porque es un control contrastado con el de los valores óptimos indicados por la bibliografía y por las casas productoras de incubadoras, es conveniente prepararse para registrar sistemáticamente el peso de cada huevo mediante pesadas periódicas, anotando sus valores en una tabla para confrontación inmediata con los valores óptimos. Esto permitirá en tiempo real introducir las oportunas correcciones «de ruta».

Para una incubación controlada, es oportuno proceder como sigue: se registra el peso del huevo en la puesta (que se anota aparte) y posteriormente el

Incubadora moderna.

peso en el momento de la puesta en máquina calculando inmediatamente el peso que deberá alcanzar (valor óptimo) a los 39 días de incubación, es decir, en el momento del inicio estimado de eclosión.

Método de cálculo

(Peso inic.) menos (Peso inic. $\times$ 0,15 pérdida óptima) = = Peso final óptimo
EJEMPLO: 1.450 g - 218 g = 1.232 g, que corresponde a una pérdida media diaria (218 g: 39 días) de 5,59 g.

Un esquema para el registro de los pesos y para estimar la corrección o no de las pérdidas se puede obtener de la figura de la página siguiente, en la que se registra el ejemplo citado. La línea continua indica cuál es el curso de la pérdida de peso óptima. La línea de rayas y la línea de puntos indican dos marchas irregulares.

La eclosión

A los 35/36 días de incubación comienza el período de eclosión y por tanto, como ya se ha dicho antes, los huevos deben ser llevados a la sección a ellos dedicada. Como se indica en el cuadro 11, en el momento de la eclosión los huevos necesitan una humedad y una temperatura diferentes de las del período anterior.

Desde el momento de la primera rotura de la membrana testácea interna, debido a que toda la humedad restante del contenido de los anejos embrionarios ha desaparecido (líquido corio-alantoideo) porque se ha reabsorbido, cada posterior pérdida de humedad podría dañar la consistencia de las membranas todavía útiles para la vitalidad del embrión y para la salida fuera de la cáscara: el embrión perdería con el agua la fuerza vital y las membranas testáceas y la misma cáscara al secarse se harían más consistentes y, por tanto, más difícilmente rompibles. La pérdida de un 6% del peso restante puede ser normal, pero también excesiva. Para prevenir una excesiva desecación hay que aumentar la humedad relativa, lo que se consigue aumentando la humedad a nivel del huevo, o bien actuando sobre la temperatura disminuyéndola.

Operativamente se verificarán dos condiciones:

— en las secciones de eclosión incorporadas a la incubadora no se puede bajar la temperatura ni elevar la humedad, al ser los dos valores válidos para toda la cámara. Se podrá actuar sólo sobre la humedad bañando (rociando) los huevos en eclosión tres o cuatro veces al día, consiguiendo muy sumariamente una reducción directa de la pérdida de humedad del huevo;
— en los armarios de eclosión separados, la temperatura y la humedad serán preparadas y controladas según la necesidad específica igual para todos los huevos presentes y, por tanto, será más fácil finalizar esta última parte de la incubación.

Después de todo lo dicho tendrá una solución más fácil la pregunta, que no encontró respuesta al inicio, sobre elección entre eclosión incorporada o eclosión separada: aparentemente cuesta menos una eclosión incorporada, pero los resultados serán mejores con la separada. En efecto, será más fácil tener siempre unos correctos valores de temperatura y humedad.

El destete

Desde los últimos días de vida embrionaria fuera de la cáscara hasta que está completamente ambientado e independiente, el tiempo que transcurre es corto con respecto a la larga vida que se atribuye al avestruz, pero en estos noventa días se concentran una buena parte de las dificultades que pueden perjudicar su existencia.

El polluelo comienza a quererse mover aun antes de comer. Se acaba de secar, es decir, ha absorbido el residuo de la yema, pero todavía no ha desarrollado bien los miembros inferiores. No debe forzarlos pero se debe mover, y ésta es una condición que debe ser observada porque la importancia del movimiento en la vida del avestruz comienza ahora. La temperatura del polluelo en el momento de la eclosión es inferior a la del avestruz adulto, pero es también diferente de uno a otro sujeto: cuanto más largo es el tiempo empleado para salir de la cáscara (mayores y más prolongados esfuerzos), mayor es la cantidad de energía dispersada y, por tanto, mas baja es la temperatura corporal. Si a esto se añade el hecho de que el neonato no tiene, en los 5/6 primeros días de vida, la capacidad de autorregular su propia temperatura, se comprende fácilmente que, apenas eclosionado y en el tiempo inmediatamente posterior, el polluelo de avestruz tiene necesidad de un ambiente a temperatura bastante próxima a la suya.

En la naturaleza

La madre enseña cómo y dónde moverse, y dónde y qué puede comer: observando los primeros momentos de la vida se diría que la madre enseña el acto de comer, como si el polluelo no tuviese, como las demás aves, el instinto de picotear, y le lleva y le indica picoteando a su vez aquellas sustancias que sabe que le convienen, pero no lo puede poner en guardia frente a otras (incluidas las heces) que le pueden perjudicar. Asimismo, la madre protege al polluelo de las horas frías de la jornada para que el animal permanezca en una temperatura ambiental (nido) bastante elevada, aunque inferior a la de incubación. Desde estos primeros momentos el polluelo corre unos riesgos que pueden perjudicar la supervivencia,

LA CRIA DEL AVESTRUZ

Polluelos de 8 días.

riesgos que son, además de los representados por los animales predadores, los de naturaleza meramente nutricional o sanitaria; si la ayuda por parte de la madre o la disponibilidad de alimento idóneo en estos primeros días faltan, o si el alimento es abundante para cualquier componente pero ausente para otro, el animal no consigue satisfacer sus necesidades: es ésta otra de las razones de la elevada mortalidad entre los animales en el estado natural. La madre naturaleza le ha dado al polluelo una ayuda contra los predadores, al haberlo hecho mimetizado por el color estriado de la cabeza y del cuello, y por las plumas que cubren el cuerpo que parecen más púas (blandas) de erizo que plumas propiamente dichas. Otra ayuda le viene del deseo instintivo de moverse y caminar ya con agilidad favoreciendo, como ocurrirá siempre después, la digestión del alimento ingerido. Cuando el polluelo consigue vivir independientemente *es destetado*: esto tiene lugar a diversas edades, dependiendo siempre de los mismos factores que repetimos: medio ambiente, disponibilidad de alimento justo y suficiente y condiciones climáticas.

En la práctica

El polluelo se podrá llamar destetado no antes de los tres meses de edad, y por comodidad operativa este período se podrá dividir en dos: hasta las tres semanas aproximadamente y desde este momento hasta los 3 meses aproximadamente. La palabra «aproximadamente» no quiere decir que no se conoce todavía cuándo cambian o terminan ciertas condiciones, sino que sirve para indicar que se puede producir un distanciamiento grande de estas fechas sin que se pueda hablar de anormalidad.

Según lo dicho en otras ocasiones, es necesario intentar repetir cuanto ocurre en la naturaleza en sentido positivo, evitando poner al animal frente a momento críticos.

Nos será de ayuda programar ambientes, equipos y alimentos idóneos y establecer controles que nos permitan seguir el correcto desarrollo del destete. Existen diferencias considerables entre los dos períodos antes expuestos. Los controles serán posibles no sólo en el período que sigue, sino también en toda la vida si el polluelo no es un sujeto anónimo, sino que recibe un nombre, «*un código*», de cuyos fines se habla en el capítulo sobre la dirección. El código debe aplicarse al polluelo desde las primeras horas de vida, es decir, cuando todavía está unido al huevo sobre cuya cáscara estaba señalado su origen. Hablamos de ello en este capítulo antes que en el de la incubación porque es la primera operación sobre el animal vivo. Los métodos de aplicación del código son diversos y pueden ser provisionales, es decir, hay que sustituirlos a medida que el polluelo se desarrolla (atención a que el desarrollo de los miembros es repentino y una cinta, considerada como ancha, después de 8-10 días puede llegar a ser constrictiva y puede herir o causar vasoconstricciones e hinchazones por debajo de la atadura misma), o definitivos. Entre los primeros existen precisamente las cintas de materiales diversos, entre los cuales se encuentra el tejido «velcro», y de fácil aplicación y adecuación al desarrollo del miembro, o las espirales de plástico: todas se ponen por encima de la articulación tibio-metatársica. Entre los métodos definitivos están las chapitas de botón para insertar en el ala o en un pliegue de la piel del cuello. El método definitivo más reciente consiste en la inserción en la porción cráneo-dorsal del cuello (en la protuberancia formada por el músculo que da la fuerza al polluelo en el momento de la rotura de la cáscara y que en los primeros días de vida desaparece) de un pequeño cilindro (microchip) que lleva prememorizado el código, cuya lectura se efectuará sin tener que tocar al animal con un comprobador electrónico. Este método se va difundiendo en todo el mundo también en otras especies animales y, por ejemplo, en Sudáfrica se ha convertido en la norma en el interior de las crías de avestruces.

Hasta los 21 días de edad

El polluelo de avestruz inicia su vida autónoma... cuando todavía es un embrión. En efecto, la vida embrionaria y la definitiva en el ambiente exterior se superponen durante unos días. El avestruz sale de la cáscara con algunas par-

Ficha individual

FICHA INDIVIDUAL				Código			
ORIGEN	x	n .... de .... meses de edad .... variedad					
		n .... de .... meses de edad .... variedad					
	Fecha	Peso g	Variaciones peso	TABLA CRECIMIENTOS			
				Fecha	Real cm	Edad	Altura óptima cm
HUEVO puesto	....	....					
inicio incub.	....	....		....	....	1 día	25/28
14 días incub.	....	....	-...% -5,5%	....	....	1 mes	40/50
30 días incub.	....	....	-...% -11,0%	....	....	2 meses	60/80
39 días incub.	....	....	-...% -15,0%	....	....	3 meses	100/110
... días eclos.	....			....	....	4 meses	130/140
POLLUELO		....					
24 h. incub.	....	....	-...% -5,0%	....	....	6 meses	170/180
48 h. incub.	....	....	-...% -8,0%				
4 días incub.	....	....	-...% -15,0%				
7 días incub.	....	....	+-...% -18/2%	....	....	8 meses	200
10 días incub.	....	....	+...% +8,0%				
15 días incub.	....	....	+...% +22,0%	....	....	1 año	200/250

tes del cuerpo (las patas) no completamente desarrolladas y con el saco vitelino a reabsorber. Se observa asimismo, como se ha dicho, en la extremidad superior del cuello y dorsalmente un músculo que aparece prominente y que en los días siguientes va a retroceder desapareciendo. Inicialmente, las condiciones de vida del polluelo son de precaria autonomía, y es pues indispensable tener esto en cuenta para ayudarle, haciendo las veces de la madre, a comenzar verdaderamente a vivir.

En esta *fase* es necesario continuar los controles del peso para tener la seguridad de que se realiza regularmente la reabsorción del saco vitelino. En la práctica, el polluelo se debe *secar* y debe perder un peso igual al peso del saco vitelino; el control de esta pérdida de peso nos permitirá registrar:

— la invitación a comenzar «a sabiendas» a «dirigir» su alimentación, cuando advirtamos que el peso tiende a permanecer constante y consideremos que las picotadas, por movimientos instintivos, son un «síntoma» de que el polluelo busca el alimento;

— la eventualidad de que sea necesario introducir en su espacio «como tutor», para ayudarle a aprender a comer, un sujeto ya activo (nacido 7 ó 14 días antes);

EL DESTETE

— partiendo del peso alcanzado, que es el real que hay que considerar como inicio del desarrollo, podremos considerar acabada la fase «dirigida» cuando el polluelo haya recuperado el peso al nacimiento.

El tiempo necesario para la pérdida de peso es muy variable y depende de cómo y cuándo ha tenido lugar la eclosión: cuanto más precoz es la eclosión, a los 38 días, más largo es el tiempo (6/7 días). Al contrario, si la eclosión es tardía —a los 42/43 días— y el polluelo es normal, la pérdida de peso puede durar un solo día.

Todo intento para acelerar este proceso fisiológico está totalmente fuera de lugar: podremos interferir en una particular función digestiva que debe terminar antes de que comience la definitiva. Como regla, el fin de la pérdida de peso coincide con el «acabado» de las patas.

Aventurando una hipótesis, se podría decir que la naturaleza, al no poder disponer del espacio suficiente en el interior del huevo para el completo desarrollo de los miembros, ha hecho coincidir el desarrollo mismo con el período obligado de inamovilidad dedicado a la reabsorción del saco vitelino. El polluelo es capaz de moverse en el mismo momento en el que instintivamente comienza la búsqueda de alimento, no antes.

No se debe desear que el polluelo crezca deprisa. Al contrario.

Insistimos en que el criador registre con cuidado las variaciones de pesada desde el inicio de la incubación hasta este momento: pero desde que comienza a alimentarse por sí solo, es necesario olvidarse del peso como de un punto de referencia de su desarrollo.

En los primeros días, el único empeño del criador es el de crear el ambiente en el que el polluelo debe comenzar a vivir. Este es débil físicamente y tiene que ser ayudado: tendrá necesidad de una superficie de apoyo, una temperatura y un recambio de aire adecuados en un ambiente preparado a este fin.

El *ambiente* está constituido esencialmente por uno o más locales cerrados y bien ventilados y a temperatura constante, divididos en espacios suficientes para que cada uno pueda acoger a los nacidos de una incubación. En estos espacios, cuya forma es poco importante (al contrario que en los polluelos de gallina, faisán, pintada, etc., donde la presencia de ángulos en el recinto puede favorecer las apreturas y la muerte por asfixia), es necesario crear una superficie de apoyo de los polluelos que no pueda causar daño a la primera piel de las patas y que permita a las mismas «hacer presa»: se puede realizar esto colocando una rejilla idónea (orificios pequeños y frecuentes, antirresbalamiento) distante 10 ó 15 cm del pavimento situado debajo. De este modo aislaremos a los animales del contacto con las heces. La temperatura del ambiente puede ser suministrada por una fuente única que sea capaz de mantener una temperatura general en torno a los 25° C, favorecida en esto por uno o más generadores de aire caliente colocados debajo de la rejilla, de forma que se cree un flujo de abajo hacia arriba a través de los orificios de la rejilla y se tenga a nivel del polluelo una temperatura en torno a los 28/30° C; se evitará una diferencia de temperatura entre la superficie de apoyo del vientre de los polluelos y la parte dorsal de los mismos, cabeza incluida, y además no se formará la natural aspiración de aire frío desde abajo provocada por el calor de las habituales lámparas de rayos infrarrojos. Una solución adoptada hoy en los Estados Unidos es la creación de una jaula «de primer destete», con dimensiones como las antes indicadas, formada por paredes sólidas y con el enrejado a unos 40 cm de tierra (para favorecer la limpieza), y equipada como antes hemos dicho.

El ambiente deberá estar dotado de aparatos para el recambio del aire. Desde los primeros momentos, el polluelo debe habituarse a conocer la sucesión de luz y obscuridad, ligadas al paso del día a la noche: el uso de lámparas calentadoras puede ser negativo, porque son una fuente de luz capaz de dar una continuidad luminosa y, por tanto, no se permitirá al polluelo efectuar los turnos de reposo.

Superados los primeros días de «ayuno», deberán estar preparados los equipos que en esta primera fase serán mínimos: un contenedor para el agua y otro para la comida, que deberán ser bajos y aplanados y, en particular el del agua, que no se puedan pisar ni derramar.

El alimento sólido será más suministrado que puesto a disposición en el contenedor en los primeros días, hasta que hayamos enseñado al polluelo dónde y qué puede picotear. Si en los primeros días hemos puesto una capa de heno bien seco sobre la rejilla para facilitar el apoyo de las débiles patitas, el polluelo sin alejarse de la posición sobre las rodillas dará las primeras picotadas al heno. A esto se añadirá el suministro directamente al pico, sin forzar la toma, de un primer *alimento* que constituirá el paso gradual a la alimentación autónoma. El primer alimento será un amasijo muy húmedo constituido por yema de huevo

Polluelos de 20 días.

cocido (25%), polvo de conchas de ostra (25%), zanahoria (25%) y heno (25%) finísimamente triturados, con la adición de un integrador oligovitamínico: su color amarillo le ayudará a picotear antes. Después del segundo y del tercer día, los comederos deberán contener un pienso completo o el pienso proteico polivitamínico mezclado en la proporción de un tercio a dos tercios con la fibra (hierba o heno triturados). El pienso será preferiblemente en forma de pellet (diámetro 2 mm y longitud máxima 4 mm), formado por harinas de granulometría no muy fina: se evitará así que al romperse el pellet se forme un polvo que no puede ser ingerido por el polluelo. Por la misma razón, no es conveniente el pienso desmigado (pellet roto).

De los 21 días a los 3 meses de edad

En un cierto momento tendremos el paso entre el primer período de destete y el segundo. Debido a que la diferencia de ahora en adelante estará representada esencialmente por la posibilidad que se debe dar al polluelo de estar durante todo el día al aire libre, será nuestra sensibilidad la que nos haga comprender que se han producido las condiciones para el paso del primero al segundo destete. Si la estación es buena, es mejor adelantar que atrasar.

Obviamente será bueno disponer de otro u otros *ambientes* más amplios y formados por un espacio interior con otro espacio análogo exterior, cercado por una red baja y unido con el interior. El pavimento interno deberá ser tosco y lavable y, si se considera necesario para facilitar la limpieza, dotado de una mínima pendiente.

En el exterior, el terreno podrá ser igual al del interior o mixto con arena y grava (2/3 mm) bien compactadas y muy absorbentes: si es posible, es mejor que esté en parte cubierto por hierba joven. Los contenedores para agua y pienso estarán tanto en el interior como en el exterior (estos protegidos de la llu-

Cuadro 13. Proyección de los crecimientos del avestruz

A las 2 semanas	crece 230 g	del peso de nacimiento
A las 3 semanas	dobla	el peso de nacimiento
A las 4 semanas	cuadriplica	el peso de nacimiento
Después	crece 230 g al día	
De 4 a 5 semanas	crece 1.100 g	
De 5 a 6 semanas	crece 1.500 g	
De 6 a 7 semanas	crece 1.500 g	
De 7 a 8 semanas	crece 2.000 g	

De un informe de la Universidad del Estado de Oklahoma (USA) (Ostrich/Ratite Research Foundation) sobre 100 polluelos nacidos entre 1991 y 1992.

via). Recordemos que en la naturaleza el avestruz vive sólo al aire libre y que éste es uno de los dos períodos en los que el calor y la luz del sol desarrollan beneficiosas influencias en el crecimiento, sobre todo de aquella parte, será bueno repetirlo, que debe desarrollarse antes: el esqueleto.

Si el suministro del alimento prevé la puesta a disposición de los alimentos secos en diversos contenedores, será conveniente persuadirse de que en el transcurso de la jornada el polluelo ingiere de todo. Es en esta fase cuando se debe intentar, con una correcta alimentación, ayudar al correcto desarrollo de los miembros inferiores, desarrollo que debe preceder siempre al aumento general de peso del cuerpo: la alimentación más correcta es aquella en la que prevalecen la fibra, las vitaminas y las sales minerales sobre las proteínas. No intervenir si no es en casos extremos con la ayuda de antibióticos, por ejemplo en el agua, con la intención de prevenir enfermedades bacterianas; es mejor continuar, si ya se ha comenzado en el nacimiento, o iniciar, si no se ha hecho antes, con la adición de probióticos específicos. Estos aumentan las colonias de bacterias intestinales útiles a la digestión, mientras que los antibióticos las destruyen.

Asimismo es necesario controlar que las patas del polluelo tengan siempre un buen apoyo sobre el terreno: los dos dedos mayores deben ser paralelos entre sí. En el caso de que se advirtiese una mínima desviación, es preferible intervenir inmediatamente de dos modos: ligar entre sí los miembros a la altura de la articulación entre el miembro y el dedo de forma que quede una distancia entre las patas de 4/5 cm; o bien (y si es necesario también al mismo tiempo) colocar suavemente con un esparadrapo, debajo de la patita que se considera desviada o mal apoyada, una tira delgada (4 × 1,5 cm) de cartón o de plástico que tenga la función de obligar un apoyo correcto y recto.

Sin efectuar un verdadero control del peso, es bueno seguir el desarrollo de cada animal individualmente: esto permitirá mantener grupos homogéneos por el desarrollo y no por la edad, con el fin de no dejar aislado al polluelo que presente algún problema con la esperanza de que a solas está más tranquilo y se puede reponer antes: ocurre lo contrario.

El desarrollo

No existe todavía una edad exacta en la que se pueda afirmar con tranquilidad que el polluelo está destetado, es decir, que es capaz de administrar su propia vida y ha superado indemne los problemas ligados al primer crecimiento. Es opinión general, o bien se puede decir que es un concepto introducido en el uso común, afirmar que a los tres meses el polluelo es transferible sin que se deban adoptar extraordinarias precauciones. En efecto, la transferibilidad es la indicación de que se ha alcanzado un buen nivel: el sujeto puede soportar los diversos estrés debidos a la carga en un medio de transporte, el transporte mismo, la descarga y finalmente el nuevo ambiente. No hemos dicho que todos los sujetos deban ser transferidos, sino que la capacidad de soportar este conjunto de acciones es señal de que se ha alcanzado robustez y salud. A los tres meses, aunque todavía se le llama polluelo, ha llegado a la primera fase «de adulto».

El avestruz ha aprendido a vivir con el hombre que lo dirige, a quien considera como «un padre» y no le tiene miedo. Romper este «feeling» puede significar reducir el éxito futuro, o por lo menos trabajar con muchas dificultades; toda precaución dirigida a conservar una buena relación con los animales hace que estos sean más dóciles y más fácilmente conducibles por sucesivos propietarios: serán animales más apreciados y un buen carácter no es poco en el avestruz. El desarrollo del avestruz termina a los diez meses de edad, cuando el animal ha alcanzado el 90% del crecimiento corporal. En este momento la vida del animal será decidida por su destino futuro: si el animal es destinado a la vida de reproducción su posterior destino será un período de mantenimiento; si debe ir al sacrificio seguirá un período de acabado.

El comportamiento y las necesidades durante el desarrollo están en continuo cambio. Los machos y las hembras continuarán sin mostrar dimorfismo sexual por el plumaje: comenzaremos a ver las plumas de las alas y de la cola uniformemente claras, y las plumas de cobertura con un «jaspeado» gris-marrón-negro, que podrá dar la impresión, si hay una aparente prevalencia de un color sobre otro, de una ya clara indicación del sexo, sin que esto se pueda todavía establecer con certeza; si se hubiera hecho el sexaje al nacimiento, cuanto se observe ahora podrá ser una confirmación de la estimación inicial. Pero

LA CRIA DEL AVESTRUZ

Avestruz de 5 meses.

Pata de hembra de un año.

es conveniente no creer en indicaciones contrarias: todavía es demasiado pronto. Hacia el final del desarrollo podrá aparecer el color rojo, típico del macho, en la porción marginal del pico, señal más válida que la dada por el plumaje.

Los recintos deberán estar todavía diferenciados por grupos de animales homogéneos por edad: durante el tercero y cuarto mes la altura de los animales permitirá utilizar recintos como los anteriores, pero ya levantados de la tierra de forma que se deje un espacio libre debajo de la red y se gane altura de la red misma. Los recintos estarán todavía unidos con espacios cerrados para albergar a los animales por la noche en un primer tiempo, y posteriormente solamente en caso de tiempo particularmente no idóneo. Está claro que toda acción está siempre ligada a la estación en la que se trabaja. Si los animales tienen acceso libre a la zona cerrada, los comederos y abrevaderos deberán ser siempre abastecidos tanto desde el interior como desde el exterior.

El destino para la reproducción será decidido sólo después de una esmerada selección de los sujetos más idóneos; los demás entrarán en el grupo de carne.

Los *futuros reproductores* seleccionados entre los más próximos a los estándares de variedad comenzarán el largo período, que les conducirá a la madurez sexual, en ambientes con cuidados y alimentación de «mantenimiento» que aseguren una vida sin excesos ni carencias. Este período, que corresponde a los dos/tres meses en la gallina y a los tres/cuatro meses en el cerdo, es para el avestruz mucho más largo: va de los catorce/dieciocho meses, para la hembra, hasta los veinte/veintiséis meses para el macho. La madurez sexual se alcanza a edades diferentes: cuatro meses para la gallina, seis/siete meses para la cerda y 22/24 meses para el avestruz hembra y 24/36/40 meses para el macho.

El objetivo de una conducción normalizada es obtener el más sano y correcto funcionamiento de todos los órganos internos que deberán garantizar la larga vida del animal: corazón, hígado, pulmones, riñones y aparato digestivo deberán mantenerse en buen funcionamiento para permitir que los órganos de la reproducción, ovarios en la hembra y testículos en el macho, lleguen al completo desarrollo sin alteraciones. Cualquier acontecimiento de perturbación debe ser evitado. El control de la alimentación es muy importante: si se considera necesario recuperar un desarrollo atrasado, se debe adoptar una alimentación más adecuada para ello en los primeros meses, porque al aproximarse a la madurez sexual los alimentos demasiado ricos en proteínas y energía pueden conducir a la formación de grasas que, antes que nada, van a envolver a los ovarios y testículos reduciendo el desarrollo. Una ración constante debe ser pues la regla: si se considera oportuna una corrección, es mejor integrarla con un complejo adecuado (por ejemplo proteico-vitamínico-mineral) a baja dosis en lugar de cambiar de un pienso a otro: el cambio radical determinaría la necesidad para el animal de habituarse al nuevo alimento.

Serán de gran ayuda el espacio óptimo y pocas molestias debidas a la visión de personas y cosas desconocidas.

Una buena norma consiste en separar en los últimos meses, antes de la madurez sexual, los machos de las hembras: se comprende pues que en el caso del criador que quiera desarrollar sus futuros reproductores, los machos permanezcan en solitario o entre sí durante algunos meses, dado que serán separados de las hembras cuando sea necesario para éstas, y a los machos les quedarán por el contrario muchos meses para llegar a la madurez sexual. Para quien adquiera grupos de reproductores ya formados, pero todavía jóvenes, la separación deberá tener lugar con anterioridad, como hemos dicho antes. Esta práctica permite garantizar a las hembras hacer su desarrollo final sin estrés: disponiendo de espacios suficientes, esta práctica debería repetirse al año siguiente cuando se inicia el descanso invernal de la puesta. Para el grupo de sujetos destinados al *sacrificio*, el programa es esencialmente de finalización y conclusión, o sea, de acabado.

La habitual posibilidad de movimiento y alimentación tiene tres objetivos:

a) el acabado de las masas musculares con una cierta presencia de grasa (perirrenal): se tendrá así una ligerísima presencia de grasa a nivel de las masas musculares, haciéndolas más utilizables tanto apenas sacrificadas como elaboradas;

b) la preparación de una piel lisa y suave;

c) el lustre de las plumas.

En todos los casos serán necesarios el movimiento, la calidad de los recintos, tanto el espacio como el tipo de los cercados (ningún obstáculo o aspereza), y la ración particular. En la ración se deberán cambiar los valores nutritivos del pienso con un aumento de proteínas y energía: mayor presencia de proteínas de alto valor aminoacídico y de cereal (maíz), mejor si se separa del pienso completo y se suministra en gránulos. Inserción en el pienso de materias primas particulares como semillas de girasol y avena; en la ración, junto con el heno y/o alfalfa verde, añadir cebada verde, paja de avena y de cereales en general, ricos en sílice. Una particular atención hay que prestar a evitar estrés de cualquier naturaleza, sobre todo sanitaria, que podría perjudicar la normal función digestiva. También hay que controlar la calidad del alimento: heno mohoso, hierba caliente en exceso y piensos con sabores fuertes y particulares pueden influir en la característica palatabilidad de las carnes. Desde el punto de vista sanitario es importante, como en la vida reproductora, comprobar la ausencia de ectoparásitos capaces de causar daños a la piel y a las plumas. El período inmediatamente anterior al sacrificio deberá ser de máxima tranquilidad para el animal, y si hubiera que transportarlo fuera de la explotación con las necesarias operaciones «no tranquilas» de carga, transporte y descarga, será conveniente hacer que repose el animal durante 24 horas al menos antes de proceder al sacrificio.

Sanidad y enfermedades

Observando al avestruz y su aparente y considerable resistencia a las diversas condiciones de vida, y pensando que a fin de cuentas este animal «particular» sobrevive desde hace cientos de años en un mundo donde se han desarrollado, y en algunos casos por fortuna vencido, gravísimas formas de enfermedad, todos aquellos que se ocupan de estos animales llegan a decir que el avestruz no está sujeto a enfermedades. En efecto, la observación directa de estos primeros años de presencia de grupos de avestruces de cría en Italia llevaría a la misma consideración.

Aparte del hecho de que al ser un ave está potencialmente sujeto a todas las enfermedades comunes de las aves domésticas, hay que tener presente que el avestruz, cuando es criado en condiciones muy próximas a las naturales, da una respuesta a las enfermedades muy rápida y, según los casos, el hecho patológico se resuelve con una mínima atención médica en sentido positivo.

Desde el punto de vista general, el enfoque veterinario del avestruz debe subrayar la detallada visita clínica reservada a los animales grandes; pero el control sanitario de una cría de avestruces no podrá resolverse en una visita, con diagnóstico y terapia para el grupo de animales, como ocurre en las explotaciones intensivas, sino que se deberá desarrollar siempre en dos fases simultáneas y confluentes: una hacia el animal que se sospecha o se identifica en condiciones «no normales» de salud y, antes o después, otra hacia el grupo al que pertenece. Y viceversa: efectuado el control del grupo y advirtiendo la sospecha de una situación anómala, buscar al animal en crisis. Será de gran ayuda, tanto para el criador como para el veterinario, un control clínico constante, o sea preventivo, porque la mayor parte de las condiciones de enfermedad son difíciles de reconocer al comienzo, cuando no se manifiestan claramente, lo que puede suceder algunas veces demasiado tarde. En la exposición de los diversos capítulos se han puesto de manifiesto hechos y condiciones que se deben establecer para el bienestar del avestruz; todo cuanto se ha dicho tiene un gran significado: causas congénitas o provenientes del exterior pueden crear problemas, pero los males más importantes, que se producen con mayor frecuencia y que crean los mayores perjucios, se pueden dividir en tres grandes grupos operativos que tienen su origen internamente en la explotación: la *ambientación*, la *dirección* y la *nutrición*.

De algunas causas y de los correspondientes efectos negativos ya hemos hablado en los capítulos relativos a «alimentación», «incubación» y «destete». Hablaremos de todos aun a costa de repetirnos.

Los errores de AMBIENTACION producen grandes efectos negativos y participan en otras causas. Terreno poco adecuado y superficie insuficiente o mal dispuesta crean molestias en la digestión y pueden ser causa de torceduras o lesiones por mal apoyo, así como cercados no bien hechos o no idóneos pueden causar abrasiones o lesiones cutáneas y fracturas en las alas y en las porciones terminales de los miembros inferiores. Un cercado exterior incompleto puede causar la entrada en los paddocks de otros animales (perros, zorros, etc.) con reacciones desordenadas de los avestruces y, por tanto, diversos posibles traumas. Una mala o insuficiente disposición de los abrevaderos y comederos crea desequilibrios nutricionales graves. La falta de una zona de «nido» de puesta o de reposo puede conducir a la frecuente rotura de huevos en el momento de la puesta, además de que aparezcan fácilmente huevos manchados.

Todo sistema que no facilite el trabajo del hombre, que no permita la creación de una buena relación entre el hombre y el avestruz, o que obligue al hombre a perturbar frecuentemente al animal puede ser origen de una serie de dificultades capaces de generar, entre otras cosas, escasa actividad reproductora, tanto de la hembra como del macho.

Un ambiente que dé al animal la sensación de «cautividad» puede determinar una disminución del ardor sexual y una dificultad o disminución de la fase de cortejo: esto es más fácil en el caso de una familia formada por dos hembras y un macho.

Puede resultar necesario recurrir a una momentánea separación del macho de la o de las hembras, o bien un cambio entre los padres que puede ser realizado en plena estación reproductora.

Un ambiente en el que se haya querido privilegiar aspectos estéticos en su conjunto puede presentar también parciales zonas de sombra causadas por árboles: la luz solar con sus rayos es de considerable importancia para el desarrollo del ciclo hormonal, que determina la sucesión de las maduraciones de los folículos ováricos, en la hembra, y el ardor sexual en el macho.

Se tienen así los primeros errores involuntarios de DIRECCION, a los que se añade una falta de respeto de los biorritmos del animal, como perturbarlo en los períodos de reposo, retrasar la puesta a disposición del o de los alimentos, tratar de una manera brusca al animal en el caso de que sea necesario trasladarlo de uno a otro paddock o cargarlo sobre un medio de transporte. Son también errores de dirección una equivocada gestión de la incubación y del primer período de vida de los polluelos, incluida la temperatura, humedad, aireación y el tratamiento del huevo desde la puesta hasta que se mete en la incubadora.

SANIDAD Y ENFERMEDADES

Una NUTRICION realizada de manera errónea produce en todas las edades daños irreparables, y por nutrición debemos entender tanto el que se pone a disposición del animal como lo que se pone a disposición.

Los EFECTOS NEGATIVOS de cuanto se ha dicho hasta aquí son:

TRAUMAS. Son considerados la causa de los mayores males y de la muerte de los avestruces. Las laceraciones cutáneas, sobre todo si interesan a los estratos musculares subcutáneos, deben ser limpiadas lo más pronto posible, tratadas localmente con antibióticos y, si no es posible suturarlas, se deben lavar con agua oxigenada y desinfectantes, frecuentemente con tintura de iodo. Donde la posición lo permita (patas), se puede efectuar una vendaje, sobre todo para evitar el ensuciamiento de la herida, pero el vendaje debe ser sustituido frecuentemente. Es bueno recordar lo que hemos dicho antes, es decir, que cada intervención debe realizarse a su debido tiempo porque, sobre todo para las patas, el animal readapta como puede el miembro lesionado muy rápidamente y asume un porte que le permite la supervivencia, pero no la correcta marcha de caminar.

Las dislocaciones y las roturas de las alas son muy frecuentes: se puede favorecer su curación con un vendaje armado de una tablilla y uniendo el ala lesionada con la del lado opuesto. Se puede presentar otra lesión cutánea en el punto en el que se tuviese que extirpar una pluma alar o caudal: la única inter-

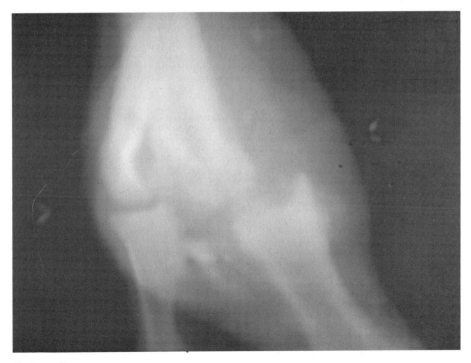

Radiografía.

Laceración cutánea en el cuello (después de una hora).

Laceración cutánea en el cuello cicatrizada (después de 48 horas).

vención necesaria, y que hay que realizar a su debido tiempo, es la desinfección con tintura de iodo y/o líquidos repelentes (antipicotazo) capaces de tener alejados a los demás animales hasta que haya desaparecido todo rastro de sangre.

El animal debe permanecer siempre en el grupo; sólo en el caso de que el hecho traumático interese a una hembra en plena actividad reproductora será oportuno separar al macho, que con sus «efusiones» podría dañar posteriormente al animal herido.

ENFERMEDADES RESPIRATORIAS. Como en otras manifestaciones morbosas, también para las respiratorias son evidentes los síntomas sólo cuando el mal está en un estado avanzado. Estas enfermedades son más frecuentes en los animales jóvenes, probablemente porque son más susceptibles a causas debilitantes comunes (estrés) que determinan la fácil aparición de hechos infecciosos. También el supercalentamiento o superhacinamiento debidos a situaciones ligadas al transporte o al simple traslado forzado, o bien la no adaptación a un nuevo ambiente, pueden ser causa de estrés. Normalmente son las primeras vías aéreas las que presentan las primeras alteraciones irritativas que se manifiestan con la presencia de moco nasal. Esto viene acompañado corrientemente con la presencia de otro moco a cargo del ojo, con la consiguiente conjuntivitis.

Claramente también está afectada la primera parte de la tráquea. La particular conformación anatómica de la tráquea del avestruz permite con mucha facilidad la expulsión de toda materia nociva que allí entra y, por tanto, también del moco, pero la eventualidad de que la inflamación se pueda extender al resto del aparato respiratorio existe siempre y es necesario intervenir inmediatamente (como se ha indicado en el capítulo sobre la anatomía, el aparato respiratorio propiamente dicho está constituido por los pulmones de reducidas dimensiones y por una vasta ramificación de sacos aéreos).

La capacidad de autodefensa está limitada a la tráquea y no se extiende a los sacos aéreos. Cualquier sustancia que llegue a los sacos aéreos (el aire inspirado llega antes a los sacos aéreos y después de estos pasa a los pulmones) desencadena un proceso inflamatorio irreversible, con formación de exudado que durante la espiración pasa a los pulmones provocando neumonías. Está claro que cuando la enfermedad ha llegado a los sacos aéreos, es de difícil inspección y control.

Los síntomas y las causas de la inflamación de los sacos aéreos y de la neumonía han de considerarse los mismos, y principalmente son: el animal tiene dificultades de respiración, enredo de las plumas y tendencia a permanecer acostado.

Muy frecuentemente, a la forma aséptica se asocian formas determinadas principalmente por agentes micóticos (aspergilosis). Los síntomas no cambian de los antes indicados, como igual es el resultado muchas veces letal. El diagnóstico que permite tener la certeza de la causa es posible en la autopsia, durante la cual se pueden observar placas blanquecinas en los bronquios y/o al comienzo de los sacos aéreos; los cultivos confirmarán el diagnóstico.

La aspergilosis se puede decir que está al acecho en el medio ambiente donde viven los animales, sobre todo cuando las condiciones higiénicas son malas, tanto en una eventual cama como en los alimentos, sobre todo forrajes, mal conservados. La sospecha de aspergilosis debe hacer renunciar a eventuales terapias a base de antibióticos, que claramente favorecen las micosis.

La prevención, que por todo lo dicho antes es de vital importancia, debe vigilar el cambio frecuente del agua con lavado y desinfección apropiada del bebedero. Con el fin de adelantarse a la manifestación de los primeros síntomas, siempre que se suponga que se han creado las condiciones antes expuestas, será buena práctica nebulizar las primeras vías aéreas (cavidad del pico, narices) con soluciones antimicóticas. En los polluelos hasta tres meses, el control en este sentido deberá ser muy frecuente.

Junto a las enfermedades respiratorias se pueden incluir las formas inflamatorias, que pueden afectar a los ojos porque tienen el mismo origen y la misma complicación: en efecto, el ojo del avestruz está continuamente sujeto al posible ataque tanto traumático (golpes contra los cercados y comederos o picotazos de otros avestruces, etc.) como de diverso material (arena, polvo) del terreno o desechos varios presentes por la escasa limpieza del agua de beber. En una simple irritación se puede fácilmente presentar una forma infecciosa. El tratamiento con antibiótico oftálmico debe ser inmediato para evitar, por la fácil transmisibilidad, la difusión a los otros animales.

ENFERMEDADES DEL APARATO DIGESTIVO. Son de diverso tipo y origen. Entre las formas de origen bacteriano enumeraremos las colibacilosis y las salmonelosis. Para el avestruz deberíamos repetir todo lo que se sabe y se recomienda sobre estas dos formas morbosas de las aves. Nos limitaremos a algunas observaciones más notorias y útiles: las enteritis, si son muy frecuentes, son muy peligrosas; tienen como agente el conocido *E. coli*, que prácticamente está presente entre las bacterias del tracto digestivo y permanece latente hasta que no se manifiesten particulares condiciones, por ejemplo de estrés, capaces de alterar el equilibrio entre el *E. coli*, bacteria infecciosa, y las bacterias útiles.

Mientras el *E. coli* está siempre presente en el intestino del avestruz, la Salmonella, otro agente causante de enteritis, se contrae con la ingestión de alimentos infectados o heces infectadas. La enfermedad inflamatoria entérica tiene una evolución más bien rápida, con presencia de diarreas abundantes y frecuentes y con final muchas veces mortal.

También en estos casos la más oportuna acción es la preventiva: todas las normas de dirección y control sanitario de los animales son la primera barrera contra la aparición de cualquier enfermedad bacteriana. Además de esto hay que recordar que se produce una acción protectora del tubo digestivo mediante el mantenimiento de las mejores condiciones de desarrollo de las bacterias útiles intestinales: su presencia «en vigor» impide, más que cualquier otra acción, la expansión de las colonias de las bacterias nocivas y, por tanto, la aparición de las enfermedades bacterianas. Es una práctica muy difundida en los Estados Unidos suministrar al avestruz desde los primeros instantes de vida, en el alimento o en el agua a beber, complejos naturales de bacterias útiles (probióticos) que tendrán también el efecto de favorecer la máxima utilización de la ración alimentaria. El Dr. N. Fowler ha avanzado también la hipótesis (The Ostrich News, 1991) de que el suministro de probióticos específicos ayuda a mantener un número elevado de microorganismos naturales, llegando a impedir también la instalación de la salmonella; se puede pensar igualmente que las bacterias útiles secretan sustancias que inhiben la multiplicación de las salmonellas. Esta teoría muy sugestiva, pero naturalmente no probada con resultados documentados, debe ser tenida de todas formas en consideración porque el enriquecimiento de la flora bacteriana útil, independientemente de su posible efecto contra la salmonella, produce claros efectos positivos en el funcionamiento intestinal.

Entre las enfermedades del aparato digestivo es muy grave un hecho morboso que podría ser definido de «malnutrición»: se trata del bloqueo de la digestión *(impaction)* que se manifiesta a cargo del tracto mediano del tubo digestivo (proventrículo y ventrículo, o sea estómago glandular y estómago muscular) con interés secundario del intestino propiamente dicho. El final de

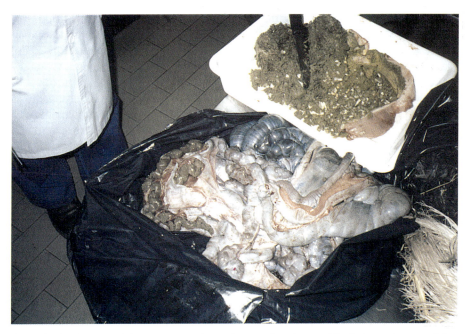

Autopsia de avestruz adulto muerto por impaction; arriba el contenido de los estómagos, debajo el contenido intestinal con bolitas.

esta enfermedad es muchas veces la muerte imprevista; conocer las causas que la determinan y los síntomas más evidentes ponen al criador en condiciones de intervenir en el momento adecuado, resolviendo en la mayor parte de los casos la manifestación, pero sobre todo sirven para evitar su aparición. Los síntomas son: marcha vacilante, escaso movimiento y falta de apetito. Un síntoma nada frecuente pero significativo que adelanta el acmé de la enfermedad es la defecación dura y en bolillas. A la palpación, el abdomen se presenta duro. Las causas, que se presentan en solitario o simultáneamente, hay que atribuirlas a la escasa voluntad o posibilidad de movimiento (terreno escaso o difícilmente factible, nuevo ambiente después del traslado), con la consiguiente disminución de motilidad de la cavidad abdominal, porque el animal prefiere el reposo acostado o la inmovilidad por el recelo provocado por el nuevo ambiente. Todo esto puede llegar a ser un síntoma, pero puede ser su causa, unida muchas veces a un desequilibrio nutricional: al no encontrar todo lo que busca como alimento sólido, si el animal ingiere preferentemente uno de los alimentos puestos a su disposición porque faltan los demás, o ha agotado la justa cantidad de agua presente en los estómagos, se autocrea una situación digestiva irregular. Los estómagos (preferentemente el glandular) continúan llenándose y permanecen llenos; inicialmente se puede producir la antes citada defecación irregular en bolitas, pero la rapidez de este malestar puede hacer que se observe al animal cuando ya no defeca. El decurso de la enfermedad puede ser agudo (muerte en 24 horas) o relativamente agudo (muerte después de unas semanas). Esta enfermedad puede afectar al avestruz en cualquier edad. El control radiográfico puede confirmar el diagnóstico en vida, aunque los síntomas sean por sí mismos muy claros, mientras que el examen necroscópico esclarece el diagnóstico post mortem y permite comprobar cuál o cuáles elementos, incluso cuerpos extraños, han sido la causa que ha desencadenado la enfermedad. Las intervenciones curativas posibles deben ser realizadas lo más pronto posible: suministro de aceite mineral y laxantes suaves (melaza), solos o mezclados con gotas de aceite de ricino, seguidos de frecuentes inmisiones de agua en el esófago (atención a la tráquea), obligando al mismo tiempo a caminar al animal. Es bueno repetir que la prevención consiste, como para otras enfermedades del avestruz, en el control de la dirección, a fin de que el animal pueda vivir de la forma más conveniente para él. Donde el control pusiera en evidencia una defecación no correcta, puede ser oportuno añadir al agua (en abrevadero limpio) cincuenta centímetros cúbicos de una emulsión de aceite mineral, aceite de ricino y agua en partes iguales para intentar corregir cuanto antes una digestión anómala.

PATOLOGIAS DE LA OVOPOSICION Y DEL EMBRION. También la ovoposición puede sufrir consecuencias negativas por hechos patológicos: formas inflamatorias subclínicas del oviducto, en particular en su porción más adyacente a la cloaca, que pueden tener su origen en enteritis, son capaces de dañar las diversas fases de la formación del huevo, que se podrá presentar con un aumento de la gravedad del fenómeno morboso, envuelto sólo en las dos mem-

SANIDAD Y ENFERMEDADES

branas testáceas y con la cáscara de forma o características irregulares. Dichas causas inflamatorias del intestino pueden ser la causa indirecta de estos problemas del huevo, ya que son las responsables de una drástica disminución de las capacidades de absorción de la mucosa intestinal, sobre todo de aquellas sustancias que diariamente, en el período de la puesta, se necesitan para «construir» en sus justos términos las diferentes partes del huevo (huevo sin cáscara, huevo mal formado): un examen de las heces podrá ayudar a efectuar una intervención local, además de oportunas integraciones en la nutrición, para intentar compensar la reducida absorción.

Errores alimentarios pueden provocar daños a nivel reproductor: tanto el macho como la hembra no deben llegar al inicio de la estación de la reproducción «metidos en carnes», pues esto significa que presentan depósitos de grasa negativos para el buen funcionamiento de las gónadas. Si esto se produce, es conveniente poner a disposición del animal alimentos refrescantes y de bajo valor energético, disminuyendo o quitando el maíz si se suministra aparte, y asegurándose de que puedan ingerir con facilidad conchas de ostra o piedra caliza.

Y de una insuficiente alimentación, sobre todo en los contenidos en aminoácidos y vitaminas, puede derivarse la reducida vitalidad del embrión durante la incubación o inmediatamente después.

Se ha hablado en el capítulo sobre la incubación de la necesidad de desinfección del huevo; en el momento de la eclosión, el primer contacto del polluelo con el exterior es a través del pico que rompe la cáscara: éste es el momento del más fuerte ingreso en el organismo, totalmente indefenso, de eventuales bacterias. Las consecuencias, aunque no inmediatas, son fácilmente imaginables y a veces difícilmente reversibles. Por tanto, es indispensable disponer sistemáticamente de un plan de limpieza y desinfección del ambiente en el que se encuentra la incubadora, de la misma incubadora y de los huevos.

Hemos hablado de probióticos: aprovechando como puerta de acceso «el pico que rompe la cáscara», se puede conseguir la entrada en el tubo digestivo de una primera dosis, con la simple nebulización de una dilución en agua sobre la cáscara misma (zona de la cámara de aire) en los días anteriores a la prevista eclosión: el intestino se colonizará de bacterias útiles en oposición y con anticipación a las posibles bacterias nocivas.

Es un hecho NEGATIVO, aunque no es una patología propiamente dicha, cualquier fallo en el nacimiento del polluelo, que resulta vital hasta las últimas fases de desarrollo. Si el embrión se ha desarrollado predisponiéndose con la cabeza recta, aunque sólo parcialmente, NO hacia el polo en el que se ha formado la cámara de aire, no logra efectuar la primera de las acciones que le permitirán salir de la cáscara: es decir, no logrará respirar a través de las definitivas vías respiratorias, no hará el último desarrollo y le faltará por tanto la fuerza para romper la cáscara y salir. Esta es una eventualidad que no se puede curar, pero que se puede prevenir, como hemos dicho anteriormente en este mismo capítulo.

Cuadro 14. Patologías específicas

Sector	Manifestación	Causas
Puesta	Huevo sin cáscara	Hembra joven - carencias nutricionales
	Cáscara mal formada	Estrés - inflamación aséptica del oviducto
	Huevo por debajo de las medidas	Hembra joven o al inicio de la campaña
Reproductores	Puesta irregular	Hembra joven - estrés - constante carencia vitamínica
		Fuerte estrés (transporte) - malos tratos
	Puesta interrumpida de huevos fecundos	Macho joven - inflamación oviducto
		Perturbado - no en terreno idóneo - sujeto con demasiada grasa
	Pene no retraído	Perturbaciones por repleción abdominal - puede ser síntoma de fase avanzada de impaction (simultáneas heces compactas)
Incubación	Retraso cámara de aire	Exceso de humedad - escaso recambio de aire - poros pequeños y cerrados
	Eclosión prezoz	Temperatura y humedad demasiado altas
	Eclosión retrasada	Temperatura y humedad demasiado bajas
	Eclosión difícil	Escasa humedad en eclosión
	Muerte del embrión:	
	durante la incubación	Salmonelosis (2 semanas antes de la eclosión)
	en la cáscara abierta	Eclosión retardada - onfalitis
	durante el secado	Baja temperatura - escaso recambio de aire
Destete	Deformación en miembros	Demasiado rápido el crecimiento en peso
	Falta de crecimiento	Polluelo en solitario - retraso para aprender a comer
	Muerte del polluelo:	
	dentro de los 5 días	Intento de hacer ingerir alimento antes del tiempo justo
	dentro de los 15 días	Ingestión de alimento o piedras fuera de medida - impaction
	dentro de 1-2 meses	Impaction - aspergilosis pulmonar y de los sacos aéreos - escaso movimiento por deformación de los miembros
	dentro de 3-4 meses	Impaction - aspergilosis - estrés por transporte o luchas con otros semejantes
	Prolapso rectal	Después de diarrea - por alimento con -- fibra ++ proteínas

Uno de los «grandes problemas» patológicos de los polluelos neonatos (uno de los mayores de toda la vida del avestruz) está constituido por la desviación preferentemente hacia el exterior de los miembros inferiores a la altura de la articulación tibio-metatársica, manifestación que puede aparecer inmediatamente (3/4 días de vida) o más adelante, pero que ya no aparece cuando el polluelo ha alcanzado los 2/3 meses de edad. La desviación (genu varum) puede interesar a uno o a ambos miembros. Se trata de una pérdida de posición de las dos superficies articulares interesando a los cartílagos de crecimiento, que como tales todavía no tienen la capacidad física de mantener la posición de la articulación en vía de formación.

SANIDAD Y ENFERMEDADES

Muchos son los intentos de intervención para resolver el problema: ligaduras de los miembros para obligarles a moverse paralelos (como hemos dicho en el capítulo sobre el destete), y también se ha intentado con la intervención quirúrgica, descrita por la bibliografía y realizada recientemente en una Clínica Universitaria italiana, pero no se han logrado resultados positivos; además, aunque tuviera lugar la reconstrucción, el polluelo atacado en su función vital, el caminar, tiende a permanecer agachado provocando a su vez el conjunto de condiciones desfavorables ya descritas y ligadas a no poderse mover fácilmente. Una de las causas que más frecuentemente se reconocen como determinan-

Cuadro 15. Patologías generales

Causas	Efectos	Remedios
Parasitarias		
Singamosis	Dificultades respiratorias, anorexia	Mebendazol 12 mg/kg
Ascaridiosis	Diarrea	Tiabendazol 300 mg/kg
Histomoniasis	Diarrea acuosa, anorexia, mortalidad	Dimetridazol 0,5 mg/kg
Piojos y ácaros	Pérdida de las plumas, daños cutáneos, inquietud	Malation, invomec, piretro
Traumáticas		
Golpes o empotramiento en recintos o estructuras con desgarrones para librarse	Fracturas, dislocaciones	De escasa si no imposible recuperación
	Heridas	Lavado con detergente
	Desgarrones de piel o subcutáneas	Desinfección con tintura de iodo
Desgarrón de plumas	Lesiones del folículo y daños en la piel	Aspersión repelente
Digestivas		
Escaso movimiento o incorrecta digestión	Bloqueo gástrico (impaction)	Aceite mineral 1% del peso vivo
		Laxantes (melaza)
Exceso proteico	Heces compactas en bolitas (es también síntoma de impaction)	Tener en movimiento al animal
Carencia de fibra estructurada		
Alimentos perjudiciales	Diarrea	Carbón vegetal
Renales		
Escasa ingestión de agua	Orinas blancas, ácidas, muy olorosas	Agua fresca y solución rehidratatante
Respiratorias		
Aspergilosis	Disnea, cianosis, neumonía	Antimicóticos, no antibióticos
Micoplasmosis	Neumonía, aersaculitis	Agua de beber + sales cuaternarias de amonio
Polvos extraños	Dificultades respiratorias	
Del plumaje		
Carencias de vitaminas y oligoelementos	Desarrollo retrasado, opacidad	Avena, lino, hojas de zanahoria, paja de arroz y avena (sílice)

Cuadro 16. Tratamientos sanitarios y métodos

Métodos		Tratamientos
Inyecciones	intramuscular en el muslo con jeringa/pistola armada de aguja corta de 12 mm y fina. Usar dosis concentradas para poder hacer instantánea la acción	Para suministrar antibióticos, integraciones vitamínimas, antihistamínicos, etc.
Insuflaciones	en las primeras vías aéreas por medio de frasco a presión dotado de boquilla que lanza chorro largo y fino	Para suministro oral de antihistamínicos, para lavados y para desinfecciones
Anestesia	general: inyección intramuscular en el muslo (como arriba)	Para conseguir la retención del animal hay que someterle a un tratamiento no quirúrgico, que necesita una parada prolongada del animal; producto más usado: clorhidrato de ketamina (ketalar - Imalgene)
Desinfecciones	spray o como insuflaciones (como arriba)	Para cicatrices umbilicales, heridas, abrasiones: tintura de iodo
Lavados	como insuflaciones	Para heridas, abrasiones: agua oxigenada, solución de sales cuaternarias de amonio.
	como chorro a media presión	Para locales de incubación, destete, etc.: detergente/desinfectante a base de cloruro de alquildimetil-benzil-amonio más tensioactivos

te de este hecho patológico es el rápido crecimiento del peso corporal, con antelación a su desarrollo del aparato esquelético: el cuerpo pesado gravitaría sobre los miembros todavía inseguros en el apoyo sobre el terreno, provocando la brusca o lenta desviación del apoyo articular: cuanto más pequeños son los polluelos, más brusca es y viceversa. En la naturaleza, este hecho patológico es muy frecuente y, dado que la dinámica es la misma, se puede suponer que la insuficiente disponibilidad de un alimento a favor de otros (muchas proteínas y pocas sales minerales y fibra o viceversa) puede determinar esta eventualidad muy señalada.

En la explotación de cría los polluelos, que no disponen del ejemplo de los mayores (que en la naturaleza le ayudan bien o mal) para aprender la correcta búsqueda e ingestión del alimento, deben recibir constante asistencia del operario para que ingieran el justo alimento «poco y frecuente»: recordando que al avestruz aun de pequeño, porque ve bien, le gustan los colores claros y vivos (por ejemplo la zanahoria, óptimo alimento), se puede aprovechar esta rápida e inmediata predisposición para ayudar al correcto inicio alimentario.

Pretender un rápido crecimiento más allá de la «curva» normal puede ser causa de la aparición, difícilmente curable, de la desviación de las extremidades.

SANIDAD Y ENFERMEDADES

Para los polluelos apenas nacidos, y durante los 10 primeros días de vida, un estado físico anómalo que puede tener graves consecuencias es el descenso de la temperatura corporal, con la consiguiente «hipotermia»; hemos hablado de ello en los capítulos correspondientes: el polluelo debe terminar el desarrollo «embrionario» y, por tanto, debe vivir en un ambiente con una temperatura que recuerde a la del huevo durante la incubación, ya que al no haber activado todavía la capacidad para autotermorregularse tiende a aproximar la temperatura de su cuerpo a la del lugar donde vive: la hipotermia conduce a una escasa voluntad de alimentarse y a que prevalezca la voluntad de estar agachado, y por tanto no favorece la rápida absorción del saco vitelino y la posterior recuperación física que corresponde al primer rápido crecimiento del sujeto. Los espacios calientes, que fueron experimentados por Merlato en Egipto el siglo pasado, y de los cuales se habla en otra parte, pueden ser una solución ideal para evitar la aparición del problema.

Entre las enfermedades que pueden atacar a los avestruces, hay que mencionar al menos la gripe aviar y la enfermedad de Newcastle, aunque no son del todo frecuentes en los Estados, donde hace tiempo se crían orgánicamente los avestruces (Estados Unidos) ni entre nosotros. Por ahora no se habla de programas de vacunación en Italia, mientras que se sabe que los sujetos importados de países extranjeros no tienen que ser vacunados en origen.

De escasa importancia son también las parasitosis, tanto por ecto como por endoparásitos. Siendo parasitosis típicas de los países de origen, y no habiéndose observado su presencia en nuestro territorio quizá por la muy reciente difusión de este animal en Italia, se han dispuesto justamente unas normas para protegernos de su introducción accidental a través de la incontrolada llegada de animales de países extranjeros. Entre las ectoparasitosis tienen cierta importancia los piojos, los ácaros de las plumas, que pueden resultar dañadas, y las garrapatas. Entre los endoparásitos encontramos a las lombrices aplanadas y redondas.

Un problema que no llamaremos enfermedad, pero que puede tener reflejos muy negativos, está ligado a la caída de las plumas con posterior crecimiento no rápido de las mismas. Es difícil establecer cómo tiene inicio este hecho y se atribuye a varias causas: muchas veces las causas no actúan en solitario, pero con el concurso de varias se producen los mayores desastres. Resumiendo, se puede decir que el comienzo se manifiesta por la pérdida traumática (rozamiento contra la red) de una pluma y del folículo y la creación de una herida: el color rojo de la gota de sangre atrae a otro animal que, por no encontrar alimento desde hace tiempo en su peregrinar, o porque instintivamente busca en la sangre un alimento que le falta, comienza a picar las otras plumas adyacentes; si a esto se añade una contingente falta de capacidad para regenerar las plumas (porque esto es difícil si se ha extirpado el folículo) por el hecho de que el animal se encuentra en un momento de particular actividad metabólica, se comprueba la denudación de amplias porciones del dorso, normalmente partiendo de la cola, que es reversible sólo a largo plazo. Así es como puede sobrevenir la enfermedad en animales ya completamente «vestidos».

Otro problema es la formación retardada o parcial de las plumas en el animal joven: se puede comprobar cuando tienen lugar los cambios de las plumas mismas y, salvo que se manifieste cuanto hemos dicho antes, hay que atribuirlo a una escasa o incompleta ingestión de los elementos nutricionales necesarios para la formación de las plumas (aminoácidos, sales minerales, oligoelementos y vitaminas); normalmente esto se verifica durante las particulares fases del desarrollo cuando el organismo tiene las máximas necesidades de alimentos válidos: una reducida puesta a disposición de estos, acompañada de molestias digestivas (enteritis subclínicas), reducen la asimilación de lo que conviene y está contenido en medida exacta en el alimento mismo. Está claro que si la comida (pienso «incompleto», heno mohoso, hierba caliente en exceso) no es cuantitativamente suficiente, el problema se complica y puede llegar a ser irresoluble porque se agrava con la complicación del picoteo entre sujetos (experiencia realizada en pollos en los años 50). El criador debe atacar el problema en su conjunto y en el conjunto de las posibles causas interviniendo desde varios frentes: suministro de integrador específico (no cambio del pienso que provocaría otro daño con el desequilibrio de la ración global), cuidado en mantener la provisión de los diversos alimentos y del agua (el deseo de sangre puede tener su origen en la falta de agua o en la presencia de agua sucia) e intervención, como hemos dicho antes, para evitar el picoteo. El control clínico de los animales hecho diariamente es determinante.

La conducción de los animales en caso de enfermedad debe ayudar al desarrollo en sentido positivo de la terapia realizada, pero debe tener en cuenta que se deben conservar al mismo tiempo las habituales actividades vitales del animal mismo: el avestruz es un individuo «en movimiento», obligarlo o ponerlo en condiciones de estar preponderantemente encerrado significa crearle otra enfermedad.

Hemos dicho repetidamente que el avestruz no soporta la retención, por tanto:

a) para el suministro de medicamentos por vía oral no es oportuno recurrir a la fuerza para obligarle a ingerir líquidos: se corre el riesgo de que estos acaben en la tráquea; es preferible diluir o dispersar el medicamento en agua y nebulizarlo contra el pico o en el pico, ayudados en esto por la atracción que puede ejercer la boquilla metálica del nebulizador en la vista del animal, que para intentar picotearlo tiende a abrir de par en par el pico mismo. Este método es útil para las formas respiratorias, porque la nebulización permite utilizar como vía de acceso del medicamento las cavidades nasales. Es obvio que la dilución en agua será la vía para el suministro de sustancias requeridas para facilitar o corregir las funciones digestivas.

Resulta muy práctico el suministro de medicamentos en píldoras o pastillas, ya que si se ponen en evidencia delante del animal pueden ser fácilmente picoteadas por éste;

b) las intervenciones terapéuticas por vía parenteral son realizadas con jeringa rápida dotada de aguja corta y fina y, si no está prescrita una vía o posición diferente, en el muslo: se puede poner la inyección sin retención, después de haber elevado el ala y dejado de ese modo al descubierto el costado: en este punto la rapidez de la ejecución es indispensable;

c) el tratamiento de heridas, abrasiones o desgarrones de plumas puede realizarse con un nebulizador, pudiendo de ese modo evitar tener que retener al animal, a menos que no haya una razón específica para ello. Es éste el caso dictado por la necesidad de efectuar una vendaje; se deberá preparar material adecuado para una rápida operación, como por ejemplo vendas dotadas de fijación «velcro». Es útil saber que el avestruz no será intolerante a este tipo de medicación.

Por último, no para pretender agotar el tema, sino para intentar crear las premisas para su justo desarrollo, una observación cautelosa: el avestruz es un animal que proviene en vía muy directa de un medio ambiente natural en el que la ley que predomina en su vida es todavía la de la selección natural; las intervenciones curativas hasta ahora realizadas con éxito, aunque han sido numerosas, no han podido crear la estadística útil y necesaria para determinar la certeza de valor terapéutico y de una compatibilidad entre principio activo y animal. Dos son pues los caminos a seguir simultáneamente: el primero consiste en tener cierta cautela en el uso de un medicamento que es considerado seguro y, por tanto, es muchas veces mal usado y abusado en todo el mundo animal; antes de usar un medicamento hay que pensar bien en las posibles contraindicaciones. El segundo camino es el de la más estrecha colaboración entre operadores, sobre todo entre técnicos veterinarios, para ayudar al correcto uso y difusión de conocimientos ciertos.

Normas y reglamentos sanitarios

En líneas generales, una cría del avestruz debe ser realizada según las más conocidas precauciones que garanticen el estado de salud de los animales para sí mismos y para el hombre que los atiende y que utilizará sus productos. Estas precauciones se refieren a todo cuanto ya se ha descrito para el alojamiento y ambientación de los animales, y en particular a las estructuras que separan claramente los recintos de personas, cosas y animales extraños a la vida de la explotación misma. Todo el mundo debe saber que la difusión de enfermedades entre los animales puede ser evitada mediante un constante aislamiento de cada explotación. Sirva como ejemplo el método de cría adoptado para los cerdos, sobre todo de reproducción, el llamado SPF (Specific Patogen Free) o el método para cerdos MD (Minimal Desease) que prevén, para mantener una situación sanitaria óptima, reglas precisas para los operadores en el interior de la explotación. Y el cerdo es un animal sujeto a recurrentes enfermedades infecciosas. El avestruz, aun siendo receptivo a las enfermedades comunes de las aves, se presenta por ahora exento: una buena norma y precaución es la de intentar conservar la condición real de las explotaciones, no permitiendo demasiada mezcla con personas extrañas obviamente curiosas de visitar una «nueva» explotación.

Por tanto, considero oportuno tener bajo periódico control sanitario por parte de un veterinario tanto a los animales presentes como a los potenciales (huevos en incubación, polluelos), de modo que se pueda anticipar la manifestación de hechos patológicos y no puedan perjudicar el desarrollo de un normal nivel de crecimiento de la explotación. Como consecuencia de esto, el criador será capaz de hacer que la venta de sujetos venga acompañada de un Certificado Sanitario correcto y específico. Asimismo, una explotación que siga unas normas sanitarias podrá hacer presente a quien desee visitarla, comprador o simplemente curioso, las condiciones obligadas para el acceso mismo, exponiendo al público un anuncio como el que figura en la página siguiente.

Las normas a seguir para entrar en el interior de una explotación son las mismas que deberían estar en vigor en todo centro donde se tengan animales, y precisamente:

> **PROHIBIDA LA ENTRADA**
>
> LA CRIA INDUSTRIAL DE AVESTRUCES
> .... inscripción .... localidad ....
>
> ESTA SOMETIDA A CONTROL SANITARIO PARA LA PROFILAXIS DE LAS ENFERMEDADES TRANSMISIBLES
>
> El permiso de entrada podrá ser concedido por el propietario, quien deberá exigir que el visitante se someta a unas normas precisas idóneas para prevenir la difusión de enfermedades transmisibles entre los avestruces en cría.

a) condición mínima: calzar botas de plástico de «usar y tirar» y llevar sombrero de papel (oscuro), también de «usar y tirar»;

b) condición óptima: antes de lo referente al punto a), hacer que la gente atraviese la entrada a la granja caminando por un estanque que contenga un colchón de plástico empapado en desinfectante; el estanque debe tener unas dimensiones tales que no se pueda evitar.

Es aconsejable no dejar que los extraños «se diviertan» ofreciendo algo a los animales con el fin de verles comer.

También la Ordenanza aprobada en junio de 1992 por el Ministerio de Sanidad para reglamentar, desde el punto de vista sanitario, la importación de avestruces debe ser comprendida como una primera barrera de protección de la cría en Italia, y no sólo de la cría del avestruz, sino también de la de otros animales, porque el avestruz, proviniendo de países de otro continente, podría ser portador de enfermedades específicas para ellos.

La ordenanza ministerial, que alguien ha llamado restrictiva, es por el contrario cautelosa y compromete más al exportador con normas precisas, disponiendo como única condición para el importador la obligación de una cuarentena de control.

Ordenanza de 6 de junio de 1992, del Ministerio de Sanidad, publicada en el B.O.E. n° 138 de 13-06-1992, modificada por la Ordenanza de 24 de octubre de 1992 publicada en el B-O. n° 265 de 15-11-92

Normas sanitarias para la importación de animales vivos y huevos de incubación de la especie *Struthio Camelus Australis*

Consideraciones

Considerando que es necesario reglamentar las importaciones de animales de la especie *Struthio Camelus Australis*, para poder obtener de los países exportadores las necesarias garantías de policía veterinaria, capaces de evitar la transmisión de enfermedades por parte de los citados animales para protección del patrimonio zootécnico italiano.

Orden

Art. 1. La importación de animales vivos de la especie *Struthio Camelus*, variedad *Australis*, y de los correspondientes huevos de incubación, está subordinada a la expresa autorización del Ministerio de Sanidad, previa solicitud presentada por los interesados a través del Servicio Veterinario de la Unidad Sanitaria Local competente en el territorio.

Art. 2. Los *animales vivos* citados en el art. 1, para ser admitidos a la importación, deben ir acompañados de un Certificado de origen y sanitario, redactado en italiano y en la lengua del país de origen, expedido por un veterinario del Estado o autorizado por el Estado para esto, que lleve la indicación de la localidad de proveniencia y de la de destino, certificando que:

1) Los animales han nacido y han sido criados en cautividad, en zonas adecuadamente cercadas para evitar la posibilidad de contactos con otros animales.

2) La granja de origen está sometida a regulares controles por parte de veterinarios oficiales.

3) Los animales han vivido en la granja de origen en los últimos seis meses, o desde su nacimiento si son de edad inferior.

4) Las granjas de origen están situadas en el centro de una zona en la que dentro de un radio de 20 km no se han comprobado casos de enfermedad de Newscastle o gripe aviar, ni de enfermedades infecciosas transmisibles a la especie en los 3 últimos meses.

5) Los animales han sido vacunados contra la gripe aviar y enfermedad de Newscastle.

6) En la granja de origen no se han señalado casos de salmonelosis en forma clínicamente manifiesta en los seis meses anteriores al envío de los animales.

7) Los animales han sido visitados el día de la carga y reconocidos sanos.

8) Los animales han sido sometidos a tratamiento antiparasitario durante no menos de tres días y no más de catorce días antes de la carga para los ectoparásitos, y durante no menos de siete y no más de quince días antes de la carga para los endoparásitos.

9) Los animales han sido mantenidos en aislamiento durante no menos de treinta días antes de la partida. En este período han estado sometidos a dos exámenes serológicos con resultado negativo, efectuados a una distancia de al menos veinte días, para las siguientes enfermedades:

a) enfermedad de Newscastle (prueba IHA, se considera negativo el título inferior/igual a 1:4);

b) gripe aviar (prueba de Agid con antígeno A);
c) Crimean Congo Hemorragic Fever (por Orden de 24-10-1993).

10) Los animales son identificados individualmente con método apropiado y los resultados de las identificaciones figuran en el certificado.

Art. 3. Los animales citados en el art. 1 deben ser transportados en jaulas no reutilizables convenientemente desinfectadas antes de la carga. Los vehículos utilizados para el transporte de los animales deben ser limpiados y desinfectados antes y después del transporte.

Art. 4. Los *huevos de incubación* citados en el art. 1, para ser admitidos a la importación en Italia, deben venir acompañados de un certificado de origen y sanitario expedido por un veterinario del Estado o autorizado por el Estado para esto, que lleve la indicación de la localidad de proveniencia y de la de destino, certificando que:

1) provienen de granjas sometidas a regulares controles veterinarios.
2) provienen de granjas situadas en el centro de una zona de 20 km de radio en la que no se han comprobado casos de enfermedad de Newscastle o gripe aviar en los 3 últimos meses.
3) provienen de granjas en las que no se han señalado casos de salmonelosis clínicamente manifiesta en los seis últimos meses.
4) son destinados exclusivamente a la incubación.

Art. 5. Los animales importados deben ser enviados desde la frontera de entrada directamente a las granjas de destino. El veterinario de frontera, después de haber efectuado el control y la visita sanitaria, enviará bajo vínculo sanitario a los animales a la granja de destino, donde deberá realizarse una cuarentena de treinta y cinco días desde la fecha de llegada, bajo el control del Servicio Veterinario de la USL competente en el territorio, advertido a su debido tiempo del envío.

La muerte o cualquier síntoma de enfermedad eventualmente encontrado en los animales durante el transporte, o durante el período de cuarentena, deben ser indicados a su debido tiempo al Ministerio de Sanidad, Dirección General de Servicios Sanitarios.

Las canales de los animales muertos durante el transporte o la cuarentena deben ser enviadas a las secciones de diagnóstico del Instituto Zooprofiláctico Experimental competente en el territorio.

Art. 6. Los huevos de incubación importados deben ser enviados desde la frontera de entrada directamente a las incubadoras de destino. A su llegada a destino, los huevos deben ser sometidos a fumigación con formaldehído (3,6 ml de formol al 40% y 1,8 g de permanganato de potasio por 0,0283 metros cúbicos), o bien saneados con un desinfectante clorado que contenga al menos 250 ppm de cloro disponible por litro (2,5/5 ml por litro de hipoclorito fresco). Durante la incubación se debe garantizar un control por parte del Servicio Veterinario de la USL competente en el territorio. Los huevos no eclosionados y los polluelos muertos deben ser enviados al Instituto Zooprofiláctico Experimental competente en el territorio, que proporcionará las necesarias confirmaciones de diagnóstico.

Los polluelos nacidos de los huevos importados deberán ser sometidos a un período de cuarentena no inferior a treinta días bajo control veterinario.

Las disposiciones del presente artículo, en todo cuanto sean aplicables, se entienden también para los huevos producidos en Italia por animales vivos de la especie *Struthio Camelus Australis* importados desde el extranjero.

El avestruz y el medio ambiente

Hemos dicho repetidas veces que la cría del avestruz ha de incluirse, por su misma naturaleza, entre las crías en tierra. Aunque no se puede hablar de cría propiamente dicha en estado salvaje, está claro que la mayor parte de la vida del animal transcurre en terrenos incluidos en grandes recintos. Es conveniente de todas formas considerar este nuevo tipo de cría desde el punto de vista de su inserción en el medio ambiente e indicar sus parámetros relativos a las normas sanitarias y ambientales: o sea, las obligaciones frente al reglamento de policía veterinaria y las relacionadas con las leyes contra la contaminación del suelo y el respeto del medio ambiente en sentido general.

Hasta hoy, y me gustaría mucho ser desmentido por reglamentos, resoluciones y decisiones ministeriales dictadas mientras este libro se imprime, el avestruz no tiene una ubicación precisa como «animal de cría»: es aceptado preferentemente como ave y, por tanto, debería estar sujeto a todos los reglamentos que se refieren tanto a las aves voladoras de cría en general (incluidos pavos, patos, ocas y faisanes) como a las no voladoras. Se está realizando una primera calificación extendiendo al avestruz una directiva comunitaria que se refiere a las aves «corredoras»: no debería haber ninguna dificultad en este sentido porque el avestruz es la más típica de las aves corredores. Pero esta clasificación es más adecuada para los animales «de compañía»: no debe ser así porque el avestruz de cría industrial está en condiciones de difundir con sus propios descendientes, o con lo que se obtiene de su sacrificio, «también» formas patológicas graves para otros animales y para el hombre.

La oficialización de la presencia de avestruces en un terreno propio es pues necesaria y debe precisar ante todo una solicitud a las autoridades del Municipio donde está ubicada la granja, que por medio de sus diferentes oficinas técnicas, y si es requerido también de las regionales y nacionales, deberán ser capaces de evaluar la idoneidad de las instalaciones propuestas. Obviamente, se debe seguir análogo procedimiento cuando la cría complete las instalaciones con el local y los equipos para la incubación de huevos.

Las solicitudes deberán venir acompañadas de informes específicos redactados según las consideraciones hechas en diversos puntos del libro, sin copiar por comodidad análogos informes conocidos y quizá similares a los necesarios para otras aves o mamíferos.

Partiendo del principio de que se solicita abrir una cría de avestruces según unas reglas que, al menos en el 80%, reflejan cuanto ha sido descrito como condiciones óptimas, se puede afirmar que la cría misma tiene pocos puntos críticos y, por tanto, se puede considerar de fácil aceptación.

Los avestruces en gran número (50/100/200 cabezas) no suponen una presencia molesta como ruido (no emiten sonidos molestos), aspecto (más bien son majestuosos y acicalados exhibidores de sí mismos) y olor (dada la extensión del terreno necesario). Al no existir la necesidad de albergues (excepto en los primeros días de vida) en los que se puedan almacenar deyecciones que pronto se hagan malolientes, la cría del avestruz se puede ubicar también en las proximidades de centros habitados, respetando siempre las distancias genéricamente descritas.

Para la eliminación de las heces y residuos, un examen por edad de los animales pone de manifiesto que: los adultos reproductores tienen emisiones de heces (1,5 kg/cabeza/día) y de orina (3 litros cabeza/día) que son asumidas por el terreno, sobre todo si está prevista la rotación de los espacios (4 meses de utilización y 8 meses de reposo); lo mismo vale para los animales en desarrollo desde los 3 meses en adelante. Para los sujetos de menos de 3 meses de vida, la cantidad es proporcionalmente muy reducida y su recogida con la limpieza de los espacios en local cerrado no crea problemas de eliminación.

Es bueno recordar que existe una gran diferencia entre las deyecciones de las aves en general y las del avestruz, que se pueden comparar al establecer métodos y modos de recogida. Las primeras, formadas conjuntamente por heces y orinas, presentan con frecuencia, a causa de la alimentación altamente proteica (en exceso), un cierto porcentaje de nitrógeno proteico no digerido que es causa de la presencia de amoníaco en el aire, además de otros gases de descomposición. Las del avestruz, en cuanto a su parte sólida, proceden de una alimentación de bajísimo contenido proteico y son depositadas separadamente de la orina; por lo que respecta a los ambientes en local cerrado, que disponen de oportunos enrejados en alto como pavimento para los animales, es fácil recoger la parte seca que apenas emana escasos gases nocivos, dejando fluir la orina en adecuados colectores de desagüe. Las tecnologías difundidas en el extranjero, y que se están adoptando ahora en Italia, aconsejan el uso como cama o como subenrejado de particulares zeolitas naturales de alta capacidad de captación amoniacal, mezcladas con otras dotadas de alta capacidad de absorción hídrica. Las deyecciones compuestas que se deriven de ellas formarán óptimos abonos de lenta liberación de nitrógeno.

Por otra parte, una buena programación dirigida al establecimiento óptimo de una cría del avestruz, en un medio ambiente próximo o no a un núcleo de población humana, tiene como fin un óptimo saneamiento de la vida del avestruz mismo.

Los productos derivados

En el capítulo anterior no nos hemos olvidado del problema sanitario de los productos derivados; hablaremos ahora de estos.

Con la Circular n° 46, de diciembre de 1993, el Ministerio de Sanidad precisaba que:

«La comercialización de carnes de rátidas o aves corredoras (avestruz, emú, etc.) ha de entenderse reglamentada por el Decreto de la Presidencia de la República n° 559, de 30 de diciembre de 1992, relativo a los problemas sanitarios y de policía en materia de producción y comercialización de carnes de conejo y de caza de cría, así como por el D.P.R. n° 558, de 30 de diciembre de 1992, relativo a las normas de policía sanitaria intracomunitaria y a las importaciones de terceros países de carnes frescas de aves de corral.

Los citados Decretos prevén, entre otras cosas, algunas condiciones sobre las que es necesario llamar la atención..., que en particular precisan que las carnes deben provenir de animales que:

— desde el momento de la eclosión han vivido en el territorio de la Comunidad;
— provienen de una granja no sometida a medidas de policía sanitaria y no situada en una zona declarada infectada por la gripe aviar o la enfermedad de Newscastle».

Asimismo:

«Las carnes de las aves corredoras deben provenir de establecimientos expresamente reconocidos para estas especies animales y que respondan a los requisitos, oportunamente adoptados, a los que se refiere el Decreto de la Presidencia de la República n° 503, de 8 de junio de 1982. En cuanto al reconocimiento de idoneidad, los titulares de los establecimientos deben seguir las instrucciones que aparecen en el punto 3.3.5 de la Circular Ministerial n° 12, de 20 de abril de 1993, publicada en el B.O.E. n° 28, de 28 de abril de 1993».

Está claro que, en el momento el que se imprime este libro, falta la disposición importante, pero no fundamental, que determina las características del sacrificio para los avestruces, pero es fácil preverlas: cuando se presenten las primeras solicitudes de matadero, escasas en número y en cabezas porque se tratará del sacrificio, como ocurre aún en los Estados Unidos, de los animales de desecho y no de un sacrificio en serie, podrá ser suficiente que se autorice un mínimo número de instalaciones públicas adecuadamente equipadas y operativas en días fijos (como sucede para el sacrificio corriente de especies poco difundidas).

Y con esas primeras experiencias italianas, el mismo Ministerio y los Operadores podrán tomar las «medidas» para prepararse a atender las exigencias de sacrificio futuro.

En otras palabras, no será necesario esperar a las grandes instalaciones destinadas exclusivamente al hombre, obviamente de difícil realización en tiempos cortos, sino que con el pleno respeto de las normas sanitarias se podrá dar consistencia a cuanto falta en la circular de diciembre de 1993 antes mencionada, haciéndola más completa y realizable.

* * *

El fin último y real de la cría del avestruz es el de la venta para la utilización de los denominados «productos de origen animal» que de él se pueden obtener. Confirmando también en este caso la característica de animal atípico, del avestruz se pueden obtener diferentes productos apreciados comercialmente: carne magra apreciada, piel apreciada, plumas apreciadas.

A estos tres productos parece que la investigación quiere añadir otros como el globo ocular, que parece utilizable para trasplantes en el campo humano, y las pestañas que la industria ha encontrado interesantes como «accesorio» de la belleza femenina (pestañas postizas). No hay que olvidar que en el extranjero existe un particular mercado de la cáscara del huevo de avestruz, tanto en su color natural como decorado o grabado por hábiles artistas: mientras despierte estupor y maravilla la vista de un huevo de tan grandes dimensiones, el deseo de poseer uno favorecerá el mercado.

El mercado de los tres productos fundamentales es internacional y se va difundiendo poco a poco partiendo de aquel que ya lo considera con razón tradicional: el mercado sudafricano.

La carne no representa un alto porcentaje del cuerpo del animal (el 38% de la canal, de 20 a 35 kg de carne magra obtenida de los muslos y de submuslos, a la que se añade la carne dorsal) como en los animales comunes criados para este fin, pero antes de hablar de sus características vale la pena hacer algunas consideraciones sobre el rendimiento anual de una hembra de avestruz como productora de carne, frente a las dos especies más conocidas en este sector: la bovina y la porcina.

Examinando los datos que figuran en el cuadro 17, se puede ver una manifiesta superioridad fisiológica del avestruz comparándolo con las dos especies

LOS PRODUCTOS DERIVADOS

Cuadro 17. Comparación entre las producciones de diferentes especies de interés zootécnico

Especie	Peso kg	Número nacidos destetados		Crecimiento cabeza x año kg		Rendimiento %	kg	Producción x hembra	kg
Vaca	700	1	1	400	400	60	240	15	204
Cerda	250	20	17	100	1.700	80	1.360	35	884
Avestruz	150	60	48	140	6.720	25	1.680	2	1.646

ya mencionadas, como productor de tejido muscular, mostrando una de las razones de su utilidad zootécnica.

Si se quiere obtener un cálculo económico, habrá que tener presente que el peso del rendimiento en carne corresponde, para el avestruz, únicamente a la carne que es posible obtener al sacrificio, pero ésta tiene una calidad mejor que la de los cuartos posteriores del cerdo o el filete bovino. El avestruz no presenta otros cortes (a excepción de escasas cantidades de carne subcutánea), pero en compensación proporciona un valor semejante a la carne con la piel, esa parte que en el porcino es prácticamente inutilizada y en el bovino forma parte del quinto cuarto.

Los valores analíticos de la carne respecto a la dietética humana son: lípidos 1,26%, prótidos 20,69%, calorías 94 kcal/100 g.

Estos valores, a los que se añade una bajísima presencia de colesterol y sodio, más el aspecto, el color (rojo como el novillo) y el sabor intenso, hacen de él un alimento alternativo y óptimo para dietas hipocalóricas y antiarterioscleróticas. Sin querer dar «recetas» para la utilización, se puede decir, por experiencia directa, que tanto guisada con verduras, vino y con pocas hierbas, como a la plancha con algunas gotas de aceite de oliva, la carne blanda al corte resulta sabrosa al gusto y no tiene necesidad de sal para mejorarla. Hoy, fuera de la utilización tradicional en los países donde el avestruz se encuentra permanentemente, su carne es importada en los países europeos, sobre todo Suiza, y conservada con la supercongelación. Durante un cierto

Cuadro 18. Comparación de alimentos de origen animal (sólo partes comestibles)

Valores		Avestruz	Bovino	Pollo		Pavo	Cerdo magro	Conejo	Pez de mar	Huevo gallina
				Muslo	Pechuga					
Proteínas	%	20,69	20,0	19,0	23,0	22,2	20,3	21,5	18,5	10,1
Grasas	%	1,26	14,8	4,2	2,8	3,0	15,0	2,8	2,8	10,2
Colesterol	g/kg	0,64	0,78	0,83	0,64	0,73	1,00	0,60	0,50	12,22
Kcalorías	kg	941	2.300	1.600	1.400	1.900	2.700	1.500	1.100	850

LA CRIA DEL AVESTRUZ

Carne de muslo guisada.

Tajadas de muslo de avestruz de 8 meses de edad.

LOS PRODUCTOS DERIVADOS

tiempo y hasta que la reducida disponibilidad de carne de avestruz satisfaga la demanda lejana de los puntos de sacrificio, como ocurre en los Estados Unidos, sólo la supercongelación o la elaboración como jamón permitirán su utilización. También el hígado es utilizado por su sabor y por el aspecto y consistencia comparables a las de un bovino joven ya alimentado con forraje (no la actual ternera de leche), sin aquellas manifestaciones del parénquima (manchas amarillas y reducida consistencia) que muchas veces determinan la no comestibilidad del hígado de otras aves. Es evidente que, como para las partes principales destinadas al consumo, también para el hígado es obligada una cuidadosa visita veterinaria.

El hombre utiliza también como alimento el producto de la puesta de las aves: el huevo. No se habla normalmente del huevo de avestruz, porque su destino económicamente interesante es sin duda la incubación. De todas formas, es conveniente indicarlo al menos por dos razones: la primera porque es siempre un producto comestible, y la segunda porque existe en el mundo un cierto mercado de la cáscara, el de la colección de objetos.

El huevo se dice genéricamente que corresponde en peso a tantos huevos de gallina de 60 g como se precisan para hacer su peso. Pero no es propiamente así: en efecto, si miramos el cuadro 1 de la página 38 observamos que el porcentaje de peso de la yema del huevo del avestruz es inferior en un 6%, tanto sobre el peso total como sobre el del contenido, respecto al huevo de gallina. La diferencia más importante está entre la yema y la clara.

Huevo utilizado para pasta alimenticia fresca porque no es incubable (bajo de peso).

LA CRIA DEL AVESTRUZ

Huevo fresco. Peso entero 1.100 gramos.

Desde el punto de vista de la comestibilidad, eliminada la sospecha de diferencias de valor nutritivo, el huevo de avestruz presenta una yema de color rojo naranja claro con una clara de color pajizo intenso y un gusto al olfato y al paladar que recuerda la natural alimentación de la hembra en puesta. Hay que decir que las pruebas de utilización para la producción artesanal de pasta alimenticia han mostrado una consistencia en la masa que se logra más rápidamente (quizá por la diferente proporción entre yema y clara) que con el huevo de gallina, y una persistencia inalterada del color natural de la yema.

El mercado de la cáscara es abastecido por cáscaras obtenidas del vaciado de huevos que han resultado no fecundos a la mirada al trasluz durante la incubación; son vendidos decorados como un dibujo grabado sin color o pintados para representar ambientes faunísticos, o bien simplemente tal como son después de una esmerada limpieza. Los ingresos conseguidos hasta hoy son interesantes, ya que por cada cáscara se obtiene, como mínimo, la mitad del precio de un huevo de incubación.

El producto derivado del avestruz, en el matadero o durante el curso de su vida, que se conoce desde hace más tiempo es claramente el *plumaje*: el comercio de esta «maravilla» ha tenido su apogeo a principios de siglo, cuando la moda femenina hizo de él el punto de apoyo de su belleza decorativa. De cualquier forma, la recogida y elaboración del plumaje sigue siendo en los países africanos una actividad industrial que abastece todavía, aunque en menor

LOS PRODUCTOS DERIVADOS

medida que antes, a la alta moda femenina: las plumas de las alas y de la cola son muy apreciadas por su dimensión y por ser las únicas que tienen el asta central que separa las barbas y barbillas de igual longitud con una disposición absolutamente simétrica. Las plumas del dorso son reservadas para la elaboración de utensilios para quitar el polvo, tanto para los clásicos «plumeros para el polvo», como para sofisticados filtros antipolvo. A estos fines se aprovecha una particular característica de la pluma de avestruz, que tiene las «barbas» y las «barbillas» adherentes entre sí, no porque se entrecrucen entre sí, como en otros tipos de plumas, sino por una ligerísima carga electrostática: este hecho permite recoger mucho polvo rápidamente y también perderlo rápidamente con una simple sacudida. Las plumas del dorso fueron un tiempo utilizadas para la creación de las «Boas» decorativas para las mujeres en la Belle Epoque.

Las plumas de avestruz son recogidas hoy preferentemente en el momento del sacrificio, dado que se obtiene un mayor rendimiento y se preserva el valor de la piel, que hoy es sin duda mayor que el de las plumas mismas. En peso, la

Inmovilizado en una especie de yugo fijo de madera, el avestruz se somete al plucking, operación completamente sin dolor con la que se le cortan las plumas.

161

Plucking.

recogida es aproximadamente de 450 a 600 gramos de plumas grandes blancas y de 1.200 a 1.600 gramos de plumas pequeñas. Cuando la recogida se hace durante la vida del animal (plucking) se obtienen 0,8-1,0 kg por animal y año de plumas blancas, y 1,5 kg por animal y año de plumas de cobertura. La cantidad y valor de las plumas dependen de la edad del animal (tres períodos: de 2 semanas a 8 meses, de 8 meses a 18/20 meses y desde la madurez sexual en adelante) y del período del año (durante la reproducción) en el que son recogidas. El plucking, así como las operaciones que siguen para la selección y confección de las plumas, es una operación compleja y delicada. Para las plumas de las alas y de la cola, la extirpación debe prever la extracción del cálamo del folículo sin alterar este último, para no perjudicar el desarrollo de la nueva pluma. De este modo, sin provocar ningún sufrimiento al animal, se opera cada 8-9 meses. Para las plumas del cuerpo la operación es más sencilla, pero requiere siempre unas

LOS PRODUCTOS DERIVADOS

Algunos productos derivados.

manos expertas. También la *piel* ha sido muy conocida por su belleza, suavidad y resistencia al uso en la producción de bolsos, zapatos, botas y peletería en general, igual o más que la de cocodrilo o lagarto. La escasa disponibilidad y la utilización de materiales alternativos no ha permitido hasta ahora su lanzamiento, por lo que su uso es casi desconocido en las generaciones de la segunda posguerra de este siglo. La característica belleza y su suavidad al tacto, así como la resistencia a las roturas y al desgaste, están provocando su regreso en producciones de gran clase. El valor de la piel varía en relación con su superficie y su perfección. La primera está ligada a la edad y a la variedad del animal. Algunos cruzamientos con variedades (*Camelus Camelus*) del norte de Africa se considera que deben dar pieles más grandes (como también plumas más brillantes). La perfección depende de la absoluta ausencia de daños recibidos durante la vida o en el momento del desuello, del espesor y de la uniformidad de la distribución de los puntos dejados por los folículos de las plumas. El curtido de la piel del avestruz puede presentar algunas dificultades debidas a la presencia en la piel de fibras horizontales preferentemente formadas por grasa, que en vida forman una reserva clásica de los animales originarios de las zonas desérticas, y que después darán la característica única de la suavidad.

Las mejores técnicas en el sacrificio y posterior obtención de los productos derivados se encuentran en las zonas donde hay expertos más «dotados»: Su-

LA CRIA DEL AVESTRUZ

Tabla 1 bis. Cálculo económico con 2 familias/y MACHO + 1 HEMBRA

PARAMETROS UTILIZADOS PARA EL CALCULO DEL COSTE DE LOS ALIMENTOS:		
Pienso primer período	Liras/kg	700
Pienso segundo período	Liras/kg	500
Pienso reproductores	Liras/kg	550
Forraje	Liras/kg	150
COSTE DE LOS REPRODUCTORES ADULTOS (15.000.000 Liras/cabeza)		
COSTE DE LA INCUBADORA (9.000.000 Liras)		
COSTES PROGRESIVOS		
Huevo de incubación	Liras	92.410
Polluelo de 1 día	Liras	152.381
Polluelo de 15 días	Liras	215.977
Polluelo de 90 días	Liras	318.793
Polluelo de 6 meses	Liras	424.733
Polluelo de 10 meses	Liras	553.228

En el cálculo de los COSTES para el huevo de incubación: se han considerado la amortización de los reproductores en 5 años + alimentación de los reproductores.
En el cálculo de los COSTES para el avestruz de 10 meses: además de esto, la amortización de la incubadora en 5 años + coste de la incubación + alimentación de los sujetos vivos.

Tabla 2 bis. Cálculo económico con 1 familia/y MACHO + 2 HEMBRAS

PARAMETROS UTILIZADOS PARA EL CALCULO DEL COSTE DE LOS ALIMENTOS:		
Pienso primer período	Liras/kg	700
Pienso segundo período	Liras/kg	500
Pienso reproductores	Liras/kg	550
Forraje	Liras/kg	150
COSTE DE LOS REPRODUCTORES ADULTOS (15.000.000 Liras/cabeza)		
COSTE DE LA INCUBADORA (9.000.000 Liras)		
COSTES PROGRESIVOS		
Huevo de incubación	Liras	69.308
Polluelo de 1 día	Liras	124.403
Polluelo de 15 días	Liras	181.004
Polluelo de 90 días	Liras	274.986
Polluelo de 6 meses	Liras	378.735
Polluelo de 10 meses	Liras	506.310

En el cálculo de los COSTES para el huevo de incubación: se han considerado la amortización de los reproductores en 5 años + alimentación de los reproductores.
En el cálculo de los COSTES para el avestruz de 10 meses: además de esto, la amortización de la incubadora en 5 años + coste de la incubación + alimentación de los sujetos vivos.

LOS PRODUCTOS DERIVADOS

Tabla 3 bis. Cálculo económico con 2 familias/y MACHO + 1 HEMBRA

PARAMETROS UTILIZADOS PARA EL CALCULO DEL COSTE DE LOS ALIMENTOS:		
Pienso primer período	Liras/kg	700
Pienso segundo período	Liras/kg	500
Pienso reproductores	Liras/kg	550
Forraje	Liras/kg	150
COSTE DE LOS REPRODUCTORES ADULTOS (15.000.000 Liras/cabeza)		
COSTE DE LA INCUBADORA (9.000.000 Liras)		
COSTES PROGRESIVOS		
Huevo de incubación	Liras	77.008
Polluelo de 1 día	Liras	112.945
Polluelo de 15 días	Liras	149.739
Polluelo de 90 días	Liras	214.043
Polluelo de 6 meses	Liras	310.465
Polluelo de 10 meses	Liras	433.569

En el cálculo de los COSTES para el huevo de incubación: se han considerado la amortización de los reproductores en 5 años + alimentación de los reproductores.
En el cálculo de los COSTES para el avestruz de 10 meses: además de esto, la amortización de la incubadora en 5 años + coste de la incubación + alimentación de los sujetos vivos.

dáfrica, pero también hoy son apreciados los productos de los Estados Unidos, aunque en un número reducido de cabezas.

La llanura del Klein Karoo, Little Karoo o Pequeño Karoo, situada en la faja más meridional de Sudáfrica, separada del mar por los Montes del Langeberg y de la Outeniqua, es la patria de las actuales tecnologías.

En esta zona el sacrificio, por razones locales, comienza según dos reglas: los animales criados en las proximidades del matadero son llevados vivos, mientras que los provenientes de zonas alejadas son sacrificados, desplumados totalmente, a excepción de la plumas de la cola, y llevados lo más rápidamente posible al matadero para las sucesivas operaciones (desangramiento y evisceración) que se deben realizar inmediatamente o casi al mismo tiempo que la extracción de la piel; esta operación recuerda, por la precisión con la que debe ser realizada, a la de los animales de pieles: existen reglas precisas para la posición de los cortes que permitirán obtener una piel completa de cuello y patas, como también de primera preparación para el curtido y, si es solicitado, para la coloración: ésta se efectúa normalmente sobre todo para las pieles que presentan alguna imperfección.

Estas breves indicaciones sobre los productos que puedan derivarse de la cría del avestruz forman parte de los conocimientos que sirven para crear el mercado. De un mercado creado bien y correctamente con productos elegidos se derivarán aquellos beneficios que los criadores esperan. Y cuanto más sepan coordinarse y unirse para dar lugar a producciones interesantes cuantitativamente (las únicas que crearán un verdadero mercado), más surgirá la calidad «natural» de todo lo que el avestruz puede dar.

Pero, repetimos, el primer beneficio lo encontrará el criador en la buena programación y dirección de la granja. Con algunas tablas elaboradas con ordenador hemos mostrado, hablando de la dirección, que se puede desarrollar una cría que comience con una o dos familias, es decir, con al menos dos hembras en producción. Presentamos ahora la continuación de las tablas en las que figuran los costes progresivos de producción: para el cálculo no se ha tenido en consideración el coste del terreno, de las construcciones y de la mano de obra, sabiendo que es normal que el empresario sepa atribuir las partes proporcionales a la producción. No parece que se haya querido que falten para hacer que aparezcan bajas las cifras: haciendo bien las cuentas se observará que no incidirán sensiblemente, porque han de considerarse como bienes que no tienen una depreciación rápida, como en el caso de los normales equipos para otras crías (avícola, porcina, etc.), donde tanto las construcciones como los equipos propiamente dichos son perecederos y una vez usados pierden todo valor. Para la cría del avestruz hemos visto que es sobre todo el terreno lo que cuenta y lo que permanece para siempre como tal. En estas tablas los valores en liras son obviamente indicativos, porque están ligados al múltiple desarrollo del valor de las cosas y de la lira.

Uniendo estas tablas con las de las páginas 65, 66 y 67 (1 con 1 bis, etc.), se tendrá el cuadro completo técnico y económico.

Glosario

Lo que sigue es una ampliación del clásico índice analítico que normalmente contiene las notas esenciales de cada tema; consultando este «glosario» se tendrá la posibilidad de conocer rápidamente en síntesis todos los conceptos más importantes, y de comenzar a adentrarse en el «lenguaje» del criador de avestruces. Estoy convencido de que este tipo de exposición hará fácil y agradable la primera lectura y la sucesiva consulta en el tiempo.

Agua: fundamental nutrición que debe estar siempre disponible muy limpia; su consumo es aproximadamente el 7% del peso vivo, con un aumento para la hembra en el período de la puesta.

Aireación: operación necesaria cada vez que el animal es obligado a permanecer en ambientes cerrados; es tanto más necesaria si se piensa que el animal tiene un metabolismo habituado a la vida totalmente al aire libre: la incubación y el destete, evidentemente en local cerrado, deben realizarse en ambientes muy aireados.

Alas: aunque tienen una envergadura considerable no son aptas para el vuelo. La musculatura correspondiente a su movimiento es escasa, tanto que es considerada sólo marginalmente como utilizable para carne.

Alfalfa: tanto verde como henificada representa la base de la nutrición del avestruz.

Alimentación: está ausente en los primeros días de vida; es suministrada hasta que el polluelo adquiere la costumbre de comer; es a voluntad y no a pasto o a mano, durante todo el resto de la vida; es natural y no forzada para no incurrir en desequilibrios de crecimiento en la primera edad (ver **Desviación**) y de puesta en la edad adulta.

Alimentos: esenciales los forrajes fibrosos, con preferencia para la alfalfa; son necesarias diversas fuentes proteicas vegetales y animales, cereales, carbonato de calcio, entre las vitaminas las A, D_3, E y B_{12} y todos los oligoelementos esenciales; se puede considerar que forman parte de ellos, aunque obviamente sin valor nutritivo, las piedras de tamaño adecuado a la edad.

Altura: del macho adulto con cuello erecto 2,60/2,80 m; en el esternón del macho: Blue Neck Zimbabwe 1,50 m, Blue Neck Namibia 1,40 m.

Ambientación: se considera como tal el período que transcurre entre el momento de llegada a un nuevo ambiente y el de la vuelta a la total tranquilidad vital: puede durar de 12 horas a 15/20 días, dependiendo del tipo de cambio de clima, terreno, alimento y dirección.

Aparato digestivo: conjunto de órganos destinados a la toma y utilización de lo que se ingiere; se diferencia del de las aves en general por: el pico y la lengua exentas de asperezas, el esófago muy dilatable y sin buche. El intestino tiene unos 11 metros de largo.

Apareamiento: programación del número de sujetos para formar la familia o el grupo de reproductores, necesariamente sin incurrir en la consanguinidad (ver) estricta. Acto sexual que se realiza mediante penetración del órgano masculino en la cloaca femenina y que está precedido por la danza de cortejo del macho, danza que puede durar una hora o que puede faltar totalmente.

Apoyo: se apoya, camina y corre apoyando la extremidad inferior de las dos patas que tienen cada una dos dedos formados por cinco falanges: debido a que uno de los dos dedos, el lateral exterior, está mucho menos desarrollado, el dedo principal constituye el 90% de la superficie de apoyo; en la posición erecta parece siempre muy inestable. Para acostarse apoya (de rodillas hacia atrás) antes el tarso/metatarso, después (hacia adelante) la tibia y el resto del cuerpo. Movimiento similar al camello, de ahí su nombre. Acostado apoya todas las partes exentas de plumas (patas y superficie ventral del cuerpo). Es importante que sea facilitado por un buen suelo el apoyo de las primeras semanas de vida (ver **Desviación**).

Arena: material indispensable en parte del espacio (paddock) reservado a los avestruces reproductores, sobre todo porque es el único en el que los animales «construyen» el nido (ver **Nido**).

Armario para desinfección: es el indispensable espacio cerrable donde se efectúa la desinfección: la cantidad de las sustancias necesarias se debe calcular en base a su volumen.

Aspergilosis: patología respiratoria causada por un agente micótico, aspergillus, que produce notables dificultades respiratorias y por tanto vitales, y que en las primeras edades es frecuentemente letal.

Australis: variedad del Struthio Camelus, del que se trata, que tiene origen y nombre en las regiones australes de los continentes.

Avestruz: se considera avestruz criable con fines industriales al *Struthio Camelus Australis*, del orden de las Corredoras, asimismo llamadas Rátidas, preferentemente en su variedad Blue Neck. El cuerpo está vestido de plumas, excepto en la parte ventral, en las patas y bajo las alas.

Avestruz macho: es identificable en edad adulta (mínimo 18 meses) por la capa de plumas negras, con las plumas remeras y de la cola blancas. Las plumas de la capa pueden ser blancas (un tenue collarín) donde terminan en la base del cuello para dejar el puesto a una corta y densa pelusa que da el aspecto al cuello mismo como cubierto de piel. Cuando alcanza la madurez sexual (mínimo 26 meses), la parte supero-anterior del pico y superficie anterior de las extremidades distales de los miembros inferiores son de color rojo, más intenso en la estación de la actividad sexual (ver también **Sexaje**).

Avícola: agrupación animal a la que se suele asignar hoy por comodidad al avestruz.

Black Neck: línea de sangre típica de las áreas centro y norteafricanas.

Blue Neck: (cuello gris/azul) línea de sangre predominante en la variedad Australis en estado salvaje o criada en los Estados sudafricanos.

Botswana: Estado del sur de Africa, limita al oeste con Namibia, al este con Zimbabwe y al sur con Sudáfrica.

Box: así se puede llamar al territorio restringido destinado a alojar a un grupo de animales.

Buche: típico de muchas aves, falta en el avestruz (ver **Digestión**).

Cabeza en la arena como un avestruz: frase común que no tiene en cuenta que por temor (ver), si así se comportase, autoeliminaría su primera oportunidad de defensa.

Camelus: así se identifica al avestruz en general. *Camelus Camelus* es la variedad originaria del norte de Africa hoy en vía de extinción y, por tanto, no comerciable.

Carácter: sociable y domesticable la hembra, autoritario el macho.

Carne: color rojo vivo; compacta con fibras largas y blandas. Valores: proteínas 22%, calorías 120/100 g, grasa 0.7%, colesterol 0,5%.

Casuario: pertenece a las rátidas, similar al Ñandú, vive en el extremo oriente.

Cercados: de materiales que no puedan dañar al avestruz aunque sólo sea extirpando una pluma por empotramiento. Las mallas de las redes o de las vallas no deben dejar penetrar a las extremidades o cabeza, o bien si éstas entran deben poder salir de ahí fácilmente.

Ciegos: se distribuyen en las porciones blandas del intestino y tienen unos 50 cm de largo.

Cintura torácica: forma con el esternón la caja torácica rígida que tiene la misión de proteger todos los órganos torácico-abdominales, hígado incluido.

Clima: no influye en la vida, sino en la actividad reproductora.

Cloaca: como en todas las aves, salvo por la presencia del pene en el macho.

Comportamiento: instintivo de alerta y defensa frente a un ruido o una presencia imprevista; instintivo de reacción violenta a la retención, incluso la que se ha intentado por ejemplo dentro de un recinto; instintivo de defensa del huevo puesto y de la familia; se familiariza con lo que conoce, tanto hombre como cosa.

Conchas de ostra: fuente de alto valor biológico por el aporte de sales minerales indispensables ($CaCO_3$).

Corredoras: también son llamadas así las rátidas por su aptitud para correr, para distinguirlas de las aves voladoras.

Defecación: es muy fraccionada durante la jornada y precede muy poco a la orina.

Defensa: si está libre, primero huye, y después, si se ve forzado, arremete con rápidos ataques de esternón y/o pata (ver **Patada**).

Desinfección: importante operación, es indispensable en los ambientes de incubación y destete y en el huevo antes de la entrada en la incubación: en este último caso es preferible efectuarla mediante gasificación con formaldehído (ver), porque no se pone en peligro alterar, como con el lavado, la superficie de la cáscara.

Destete: crucial hasta las 3 semanas de vida, determinante hasta los tres meses.

Desviación articular: síndrome con resultado predominantemente irreversible que puede afectar a los polluelos hasta los 3/4 meses de edad: consiste en la desviación (genu varum) lateral externa de una o ambas extremidades; se estima que la desviación articular ocurre por un excesivo aumento de peso respecto al desarrollo y consolidación del esqueleto (ver **Alimentación**). Por sí sola o como concausa puede ser determinante de un apoyo defectuoso sobre un suelo defectuoso (ver **Apoyo**).

Deyecciones: las regulares son globosas, blandas, verduscas con aparentes señales de las asas intestinales: en grupo de bolitas duras las del sujeto con dificultades digestivas o desequilibrios alimentarios. Son emitidas sólo aparentemente con la orina, pero en realidad antes y separadas.

Digestión: tiene lugar sobre todo lo ingerido tal cual desde el primer estómago hasta todo el intestino. Es continua —también necesariamente— por la llegada continua de la bilis al intestino; y el material en vía de digestión y demolición no se para en ningún tracto.

Dimorfismo: los dos sexos se diferencian en la edad adulta por el diferente color de la librea: el macho con plumaje predominantemente negro y plumas remeras y de la cola blanco vivo. En los sujetos nacidos de cruzamiento, sobre todo con la línea Black Neck, falta la diferenciación por el color de la librea general.

Eclosión: armario similar al de la incubación, exento de girahuevos, destinado a los 5/7 últimos días de desarrollo del embrión, al nacimiento y a las primeras horas del polluelo.

Edad: alcanza la madurez física al año; la sexual a los 24/28 meses para la hembra y 30/36 meses para el macho. Máxima (sin pruebas) 45 años.

Embrión: inicia el desarrollo apenas se ha realizado al fecundación. Se forma en la superficie de la yema, entre ésta y las dos membranas testáceas.

GLOSARIO

Termina oficialmente con la eclosión de la cáscara, pero prácticamente cuatro o cinco días después y una vez realizada la terminación de las patas.

Emú: pertenece a las rátidas, es originario y vive en Australia.

Esófago: se abre sobre y próximo a la tráquea y desciende por la parte derecha del cuello. Es muy dilatable.

Espacio: en los recintos: para un adulto reproductor 200 m^2; para un sujeto en desarrollo de 3 a 24 meses de edad 25 m^2. De cualquier forma, cualquiera que sea el número en grupo no menos de 200 m^2.

Esternón: está exento de la quilla típica de las aves que vuelan, se le llama escudo porque se presenta como un escudo o disco.

Estómagos: no se diferencian de los de las aves.

Excreción: emisión de orina frecuente a causa de las escasas dimensiones de la vejiga; tiene lugar separada de la defecación (ver).

Familia: está constituida por un macho y una o dos hembras (ver **Vida de relación**).

Formaldehído: (aldehído fórmico) gas, de alto valor desinfectante, que se libera combinando, en justa proporción y cantidad, permanganato de potasio y formol al 40% (ver **Armario para**).

Grupo: está constituido por más machos y más hembras, generalmente en la relación 1:2. En el grupo se forman las dominancias tanto entre los machos como entre las hembras (ver **Vida de relación**),

Hígado: está alojado en la porción torácica.

Huesos: el conjunto de los huesos representa una gran parte del peso. Su correcto desarrollo determina la plena funcionalidad del animal.

Huevo: de forma simétrica, de un peso (ver **Peso**), con cáscara de 1,5 a 3,0 mm de espesor, superficie de ligera piel de naranja, de color pajizo claro brillante. Los valores analíticos de la cáscara, clara y yema son similares a los del huevo de gallina (ver **Posición**).

Humedad: durante la incubación (de 0 a 35/36 días) el % de humedad relativa debe ser el 40/45. El valor óptimo determina la correcta pérdida de peso del huevo (ver **Pérdida**); durante la eclosión (últimos 7/8 días) el % de humedad relativa debe ser un 12% superior a la que le ha precedido; en el local de incubación el % de humedad relativa podrá ser: 60/70 con temperatura en torno a los 20/25° C, y 20/30 con temperatura en torno a los 30/35° C.

Impaction: patología repentina y aguda con resultado altamente mortal. Consiste en el bloqueo de la funcionalidad de los estómagos e intestino por el completo llenado de los primeros de una sola materia (hierba o heno groseros, grava, arena) ingerida rápidamente sin que pueda tener lugar la natural y continua digestión. Síntomas: precede unos días antes la defecación en bolitas; indica la presencia de la patología el permanecer acostado.

Incubación: período de desarrollo del embrión desde la puesta del huevo en incubadora hasta el paso del huevo a la sección de eclosión: de 35 a 39 días. Incluida la eclosión, de 38 a 42 días.

Incubadora: armario a temperatura y humedad constantes y dotado de girahuevos automático destinado a determinar el desarrollo del embrión en el huevo hasta el día anterior a la eclosión. La del avestruz se deriva de la de los huevos de gallina: capacidad de un huevo de avestruz equivalente a unos 20 huevos de gallina.

Ingestión: el acto que se realiza con alta frecuencia durante la parte diurna de la jornada, para introducir en el tubo digestivo todo género de materias que son cogidas con el pico, desde los alimentos, agua incluida, hasta las piedras, animalillos, etc.; para que esto ocurra es suficiente que el objeto logre superar la cavidad oral, pues en el tracto sucesivo la dilatabilidad del esófago permite todo tránsito.

Intestino: en el adulto tiene una longitud de unos 11 metros.

Kiwi: pertenece a las rátidas, se parece al Emú y es originario de Nueva Zelanda.

Lengua: lisa y pequeña, limita su función a cerrar el meato traqueal.

Locales: en una cría de avestruces son solamente la sala de incubación y la destinada al primer destete.

Luz: el avestruz debe recibir mucha luz diurna y ninguna luz nocturna, porque su biorritmo prevé un total reposo nocturno.

Massaicus: variedad del *Struthio Camelus* originaria del centro y sur oriental de Africa, hace tiempo criado en el norte de América.

Medio ambiente: conjunto de factores que condicionan la vida del animal: territorio, tipo de cercado, servicios (comederos, abrevaderos), dirección y tipo del terreno circundante.

Mirada al trasluz: operación de control del interior del huevo durante la incubación: se efectúa con una fuerte y concentrada fuente luminosa (ovoscopio): se observa la posición y desarrollo de la cámara de aire y del embrión.

Molybdophanes: variedad del *Struthio Camelus* típica de Etiopía.

Mortalidad: eventualidad que puede interesar al avestruz en todo momento de su vida por carencias, excesos, desequilibrios alimentarios, traumas graves y hechos vitales debidos a causas patológicas u orgánicas que determinan insuficiencias respiratorias o cardíacas.

Movimiento: vital comportamiento de paseo, carrera y parada que ocupa aproximadamente el 80% de las horas diurnas. Favorece el normal desarrollo de todas las funciones orgánicas.

Musculatura: sobresale la de los miembros inferiores.

Namibia: Estado del sudoeste de Africa, colindante con el Océano Atlántico, al norte con Angola, al este con Botswana y al sur con Sudáfrica. De él tiene origen una selección de avestruz denominada de aptitud plumas, que no llega a los máximos niveles de desarrollo de la especie.

Necesidades: no se conocen con seguridad las micronecesidades (de vitaminas, aminoácidos, minerales). Se conocen las macronecesidades (proteicas, energéticas, de fibra) y su necesidad de cobertura durante la jornada.

Newscastle: enfermedad típicamente aviar que podría interesar al avestruz y contra la cual sirve siempre excluir la cohabitación del avestruz con otras aves. Por ahora no está prevista la vacunación.

Nido: cavidad que tiene un diámetro mínimo de 1,2 metros, que el macho y la hembra, en su medio ambiente natural, preparan para predisponerse a la incubación de los huevos allí puestos por la hembra. En la cría, el nido es siempre preparado y resulta indispensable para que la hembra se siente a sus anchas para poner los huevos. Debe estar seco (ver **Arena**).

Ñandú: llamado también avestruz americano, originario de América del Sur donde vive.

Oído: muy desarrollado.

Olfato: imperfecto, pero se estima que ayuda a otros sentidos para ingerir sólo lo que le conviene.

Omnívoro: es el avestruz por la capacidad de utilizar para alimentarse tanto de fuentes vegetales como animales.

Organos sexuales: están formados: el femenino por un ovario único a la izquierda y el oviducto que termina en la cloaca; el masculino por dos testículos internos, conductos deferentes, que desembocan en la papila eyaculatoria, y pene.

Orina: líquido excretado por los riñones y emitido con frecuencia. Si es en cantidad normal, la orina es clara y transparente; si es en cantidad reducida, blanca y opaca.

Parada: nupcial es la expresión máxima del cortejo por parte del macho que precede al apareamiento. Puede tener larga duración y durante la misma el animal emite el característico «mugido».

Patada: acción de defensa realizada alzando y bajando sólo en el sentido postero-anterior y en rápida sucesión de movimiento una extremidad. Si ataca puede ser mortal.

Patas: formadas por huesos largos con superficies articulares que permiten solamente movimientos longitudinales. Terminan en «pies» formados por dos dedos que tienen cada uno cinco falanges; el dedo central, que se considera el tercero, es más largo y su quinta falange tiene uña; el lateral exterior, que se considera el cuarto, está exento de uña.

Pene: órgano copulatorio que se despliega por el relleno de líquido linfático de los tejidos eréctiles.

Pérdida: el huevo durante la incubación debe perder aproximadamente el 15% del peso inicial, calculado entre el peso inicial y el peso a los 39 días; el polluelo debe perder después del nacimiento aproximadamente el 20% de su peso (absorción del saco vitelino).

Peso: el huevo pesa de 1.000 a 1.800 gramos (incubable > 1.200); el polluelo al nacimiento de 750 a 1.200 gramos; el adulto de 135 a 160 kg - de 120 a 150 kg; carne seleccionada de 22 a 35 kg.

Pico: obtuso y aplanado, de punta redondeada y exento de asperezas que puedan recordar los dientes. En el momento de la toma del agua se verifica su máxima apertura —más de 100°— y el receptáculo que forma la base de la mandíbula hace de cuchara.

Picoteo: vicio de picar el folículo de las plumas de otro animal, sobre todo cuando el mismo está a la vista con pérdida de sangre. Hay que contrarrestarlo con desinfección y nebulización en el sitio con sustancia repelente.

Piel: de espesor variable, suave y resistente al corte, está cubierta en toda su parte dorsal y lateral por los folículos de las plumas, que permanecen evidentes en el momento del sacrificio, determinando una de sus características. La dimensión de la piel varía de los 11/12 pies cuadrados, de los sujetos de Namibia, a los 16/18 pies cuadrados de los sujetos de Kenia.

Pienso: es cuanto ingiere con fines alimentarios y puede estar constituido por pellet «completo», por pellet + forraje, o bien pellet + maíz en granos + forraje, de cualquier forma adicionados por una fuente de carbonato de calcio, piedra caliza o cáscaras de ostra.

Plumas: típicas por: las barbas perfectamente simétricas, las barbas adherentes entre sí por carga electrostática y la ligereza.

Poros de la cáscara: el número y la dimensión de estos es determinante para el éxito de la incubación (ver **Desinfección**).

Posición del huevo: no influye antes, durante la primera semana de incubación y en la eclosión. Casi vertical, con el polo, que lleva en el interior la cámara de aire, hacia arriba (mirar al trasluz).

Puesta: emisión periódica del huevo cada 48 horas (frecuencia mínima); puede comenzar en cualquier mes del año y continúa durante períodos más o menos largos - 30/60 días. La interrupción más prolongada ocurre en el período frío. Patológica cuando tiene lugar sin cáscara o con cáscara mal formada. Sucede preferiblemente en el nido (ver).

Rátidas: llamadas también corredoras, constituyen la gran familia de las aves a la que pertenecen los avestruces, el ñandú, el emú, el casuario, el tinamú y el kiwi.

Red Neck: (cuello rojo) línea de sangre de la variedad en estado salvaje o criada en los Estados del centro este de Africa. Presenta el cuello vivamente rojo.

Reproducción: de la especie que se expresa como primer acto, diferente al de las otras aves, con la penetración durante el acto sexual.

Respiración: como en las aves, pero interesa primero a los sacos aéreos y sucesivamente a los pulmones.

Riñones: como en las aves.

GLOSARIO

Sacos aéreos: además de que son similares a los de las demás aves, se extienden también por los huesos huecos.

Sexaje: manualidad realizable en la primera edad para la identificación del sexo, asimismo identificable sólo después de ocurrido el dimorfismo sexual.

Siriacus: antigua variedad del *Struthio Camelus* existente en el medio oriente y en el antiguo Egipto; ahora extinguida.

Sol: influye positivamente en la capacidad reproductora de los adultos y la vitalidad de los polluelos.

Sudáfrica: Estado bañado al oeste, sur y este por los océanos. Limita al norte con Namibia, Botswana y Zimbabwe. Allí se cría desde hace tiempo y se trabaja y exporta el clásico *Struthio Camelus Australis*. Es famosa la mayor granja de avestruces hasta ahora conocida: Klein Karoo.

Temor: estado de continua tensión que le impone el instinto cuando no conoce el medio ambiente en el que vive, o que lo mantiene alerta para conocer instantáneamente la aproximación de un posible enemigo o predador; se atenúa cuando conoce el ambiente y las cosas.

Temperatura: corporal es igual a 102-120° F (38,8-40° C); de incubación 97,5° F (36,4° C); de eclosión 96,5° F (35,8° C).

Termorregulador: sistema que ayuda al avestruz a proteger las partes desnudas del cuerpo de las bajas temperaturas.

Terreno: representa todo el medio ambiente en el que vive.

Tinamú: pertenece a las rátidas, vive en America Central y es muy similar a la codorniz y a la perdiz.

Tráquea: se abre centralmente en la base del pico, corre al lado izquierdo del cuello y a través de los bronquios se une a los pulmones y a los sacos aéreos.

Transporte: operación necesaria para desplazar a los avestruces en el interior de una granja, o hacia otra granja; debe tener lugar con medios adecuados (ver **Van**) e induciendo o dirigiendo con calma y mucha práctica a los animales, si es posible, hacia los espacios previstos.

Traumas: por la impetuosidad en los movimientos debida a temores imprevistos o por la fogosidad del macho, pueden interesar a los miembros inferiores, las alas y el cuello por el golpe, rozamientos o empotramientos en todo lo que el animal tiene a su alrededor. Consecuencias: fracturas, heridas, escoriaciones, pérdida de las plumas. Causa frecuente: los cercados poco idóneos.

Van: así se llama al medio de transporte típico para caballos: muy adecuado para el transporte de avestruces.

Vejiga de la hiel: no existe y esto determina un flujo continuo de la bilis del hígado al intestino (ver **Digestión**).

Velocidad: alcanza rápidamente altas velocidades que se estiman en 60-80 km/hora.

Ventilación: operación de cambio de aire en los locales de incubación y de destete para favorecer la presencia de oxígeno.

Vida de relación: es polígamo y participa en la continuación de la especie. Tiene sentido de la familia.

Vista: aguda y profunda,

Voz: no existe. Los «silbidos» de los polluelos y el «mugido» del macho en celo son generados por fuerte emisión de aire con el pico abierto de diversa forma.

Yugular: vena que corre por la parte derecha del cuello.

Zimbabwe: antigua Rodesia; Estado del sur de Africa central que limita con Botswana al oeste, Mozambique al este y Sudáfrica al sur. De allí son exportados avestruces seleccionados con el máximo desarrollo corporal de la especie, probablemente porque proceden por cruzamiento natural de sangre de variedades centroafricanas.

Zona: es el área climática que debe ser más adecuada para el avestruz.

Bibliografía

AMADON D. - *Dove vivono gli uccelli* - Zanichelli, Bolonia, 1974.
BELLAIRS R. - *Development Processes in heighest Vertebrates* - 1° Uccelli, Londres 1971, CEA, Milán, 1972.
BEZUIDENHOUT A. - *The Topography of the Thoraco-abdominal viscera in the Ostrich* - Facultad Veterinaria Universidad de Onderstepoort, Sudáfrica, Journal of Veterinary Research, 1986.
BISOGNI F. - *I Giardini ed i Parchi dei Demidoff* - Il Giardino romantico, 1986.
BORGATTI G. - MARTINI E. - ROWINSKI P. - USUELLI F. - *Fisiologia degli Animali Domestici* - Tinarelli, Bolonia, 1956.
BRUNI A.C. - ZIMMERL U. - *Anatomia degli animali domestici* - Vallardi, Milán, 1947.
CAMERANO L. - *Ricerche intorno alle aberrazioni di forma negli animali e al loro diventare caratteri specifici* - F. Loescher, G.B. Paravia, Turín, 1883.
CAMPODONICO P - MASSON C. - *L'Elevage des Autruches - Alimentation et Reproduction des Autruches* - Report d'un stage effectué au Zimbabwe d'un D.E.S. de production des regions chaudes, Bulletin G.T.V., 1990.
CHISHOLM TRAIL OSTRICH FARM - *Findings Success in the Ostrich Business* - Waco TX, 1992.
CIARLONI SIMONS D. - *Ostrich Production?. Get Rich-quick-scheme or budding new «industry»* - Turkey World, marzo, 1979.
COLELLA G. - *Argomenti di Patologia Tropicale e Subtropicale degli Animali Domestici* - Edagricole, Bolonia, 1979.
DON BEAVERS DOM - *Ostrich Emu Rhea* - Reproduction Management Nutrition & Health, Lawton Ok, 1992.
DOWSLWY W.G. & GARDNER C. - *Ostrich Foods & Feeding* - The Publishers, Grahamstown, Sudáfrica, 1993.
ECKERT R. - RANDAL D. - *Fisiologia Animale* - 1° Volumen, Zanichelli, 1985.
FIGUIER L.G. - *Vita e costumi degli animali* - 2° Volumen, Gli Uccelli, F.lli Treves Editori, Milán, 1881.
FURBRINGER M. - *Untersuchungen zur Morphologie und Systematik der Vogel* - Tomo II, Algemeine Teil, T. Van Holkema, G. Fischer, Amsterdam, Jena 1888.
GANDINI G.C.M. - BURROUGHS - EBEDES H. - *Preliminary investigation into the nutrition of ostrich chicks (Struthio camelus) under intensive conditions* - Journal of the South African Veterinary Association, 1986.
GRAWFORD JOHN A. - KOCAN A.A. - *«Ostrich Care» - Videotipe of Ostrich/Ratite Research Fundation* - Filmado en la Universidad del Estado de Ocklahoma, Lawton Ok., 1993.
KONRAD L. - *Evolution and Modification of Behavior* - Chicago, 1965, L'Anello di Re Salomone, Adelphi Editore, 1967.
KREIBICH A. - SOMMER M. - *Straussenhaltung - Landwirtschafts = Verlag Gmbh* - Munster-Hiltrup, Alemania, 1993.

LANYON M. - *Biologia degli Uccelli* - Zanichelli, Bolonia, 1973.
LESSONA M. - *Gli Animali e la loro Vita* - Gli Uccelli, Sonzogno, Milán, 1929.
LEVY A. - PERELMAN B. - *Effect of water restriction on renal function in ostrichs* - Faculty of Health Sciences, Ben-Gurion University of the Negev, Beersheva, Israel, 1990.
LEY A. - MORRIS R.E. - SMALLWOOD J.E. - LOOMIS M.R. - *Mortality of chicks and decreased fertility and hatchability of eggs from a captive breeding pair of ostrichs* - JAVMA, vol. 189, N° 9, 1 de noviembre de 1986.
LOMBARDINI L. - *Forme organiche irregolari negli uccelli ecc.* - Nistri, Pisa, 1868.
MALETTO A - *I Foraggi* - Folia Veterinaria Latina, Il Ponte, 1975.
MARTINELLI A. - ANDERLONI G. - *Lo Struzzo ha contagiato gli italiani* - Rivista di Avicoltura n° 10, 1992, Edagricole, Bolonia. - *Lo Struzzo ed il suo ambiente* - Rivista di Avicoltura n° 4, 1993, Edagricole, Bolonia.
MERLATO M. - *L'allevamento dello Struzzo* - Ulrico Hoepli Editore, Milán, 1919.
OLIN D. - *The Ostrich News* - Brady Ranch, Inc., mayo 1991.
VOHRA PRAN - *Information on ostrich nutritional needs still limited* - Feedstuffs, 13 de julio de 1992, Avicoltura, febrero 1993.

El Autor de este libro, Giorgio Anderloni, es licenciado en Medicina Veterinaria (Milán, comienzo de los años 50) y ha sido miembro activo y coordinador zootécnico nutricional del sector avícola (años 50) del primer grupo europeo de piensos, y responsable técnico (años 60) de análogas empresas italo-americanas en Italia. Ha dirigido (años 70) empresas zootécnicas de selección genética porcina.

Desde la primera llegada a Italia de avestruces de cría (final de los años 80), ha trabajado y se ha ocupado en recoger, estudiar y difundir (artículos en la Rivista di Avicoltura Edagricole 1992/1994) los conocimientos y las tecnologías sanitarias y zootécnicas relativas a estos animales.